《宁夏盐池县主要经济林种质资源名录》
编撰委员会

- 编　　著　杨　伟
- 顾　　问　蒋　刚　王　军　李永亮　郭　毅
- 编写人员　谢　玉　任永恒　梁　成　王晓忠　黄晓彦　陈彦娜
　　　　　　冯　欢　郭永胜　王建红　孙　果　郭　婷　李联涛
　　　　　　陈　磊　闵竹兰　赵　静　王登超

宁夏盐池县主要经济林种质资源名录

NINGXIA YANCHIXIAN ZHUYAO
JINGJILIN ZHONGZHI ZIYUAN MINGLU

杨 伟 编著

黄河出版传媒集团
阳光出版社

图书在版编目（CIP）数据

宁夏盐池县主要经济林种质资源名录 / 杨伟编著
. -- 银川：阳光出版社，2023.12
　ISBN 978-7-5525-7241-4

Ⅰ. ①宁… Ⅱ. ①杨… Ⅲ. ①经济林－种质资源－盐池县－名录 Ⅳ. ①S727.3-62

中国国家版本馆CIP数据核字（2024）第028851号

宁夏盐池县主要经济林种质资源名录　　　　　　　杨伟　编著

责任编辑	李少敏
封面设计	石　磊
责任印制	岳建宁

黄河出版传媒集团
阳光出版社　出版发行

出版人	薛文斌
地　址	宁夏银川市北京东路139号出版大厦（750001）
网　址	http://ssp.yrpubm.com
网上书店	http://shop129132959.taobao.com
电子信箱	yangguangchubanshe@163.com
邮购电话	0951-5047283
经　销	全国新华书店
印刷装订	宁夏银报智能印刷科技有限公司
印刷委托书号	（宁）0028877

开　本	880 mm×1230 mm　1/16
印　张	18.25
字　数	280千字
版　次	2023年12月第1版
印　次	2023年12月第1次印刷
书　号	ISBN 978-7-5525-7241-4
定　价	98.00元

版权所有　　翻印必究

前 言
FOREWORD

盐池县地处中国西北内陆，位于宁夏东部，毛乌素沙地南缘，是黄土高原重要的生态安全屏障区域，与陕西定边县、内蒙古鄂托克前旗和甘肃环县接壤。同时，盐池县又是全国263个牧区、半牧区县（旗）中宁夏唯一的牧区县，是典型的农牧交错地带，作为宁夏22个市县区中行政面积最大的县，县域面积约占宁夏总面积的1/8。20世纪七八十年代，全县75%的人口和耕地处在沙区，"一年一场风，从春刮到冬"就是当时盐池县生态状况的真实写照，恶劣的生态环境严重影响了群众的生产、生活乃至生存。

为从根本上改变这一局面，历届县委、县政府把生态建设作为立县之本、发展之基，在国家、自治区和吴忠市的大力支持下，经过多年生态建设，盐池县生态环境得到明显改善，截至2023年底，全县森林覆盖率和草原综合植被盖度分别达到18.51%和58.56%。生态建设树种以杨树、刺槐、樟子松、柠条等为主，生态效益显著，经济效益低下，同时，农村经济发展以养殖滩羊为主，经济结构单一，抵御自然灾害风险能力弱。

经济林产业作为实现巩固拓展脱贫攻坚成果与乡村振兴有效衔接的产业，是生态文明建设与"绿水青山就是金山银山"的实际践行，集生态效益、社会效益和经济效益于一体，是生态林业与民生林业的有机结合体。2019年6月，《国务院关于促进乡村产业振兴的指导意见》（国发〔2019〕12号）出台，提出突出优势特色、培育壮大乡村产业的方式之一就是发展经济林和林下经济。几代林业科技工作者不断努力，选育了一大批经济林树种，发展经济林产业已经成为农户增收致富的方式之一，在实现区域经济增长的同时，生态环境也得到显著改善。新疆尤其是南疆，林果产业已经成为继粮食和棉花之后的第三大产业。2019年，新疆林果种植面积达到2 167.74万亩，占全国林果种植面积的13%，林果产量1 165.83万t，产值约1 000亿元，林果收入在新疆农民收入中的占比达到25%[1]。

　　为此，我们结合盐池县经济林产业现状、气候条件，在全县范围内开展主要经济林种质资源调查，查清现阶段盐池县经济林种质资源的数量、分布、特性及开发利用现状。在经济林种质资源调查的基础上，我们对调查数据进行科学分析、整理、汇总，并通过全面系统的经济林种质资源调查，筛选出适合盐池县气候环境的经济林树种，以期为全县发展经济林产业提供理论和数据支撑。

　　《宁夏盐池县主要经济林种质资源名录》介绍了盐池县主要经济林种质资源的状况、分布区域、形态特征和生物学特征，通过文字、图片和表格的形式展示了盐池县经济林种质资源的特性，为全县后期发展经济林产业提供了参考和依据。

　　《宁夏盐池县主要经济林种质资源名录》由宁夏回族自治区青年拔尖人才培养工程资助出版，并得到了宁夏回族自治区林业和草原局惠学东、李国、牛锦凤三位专家的指导。由于作者水平有限，书中难免有不妥之处，恳请读者批评指正。

目 录
CONTENTS

第一章　概　况 / 001

第二章　宁夏盐池县主要经济林种质资源性状描述 / 013

苹　果 *Malus pumila* Mill. / 015
盐池县青山乡营盘台村吴银东果园 1 号苹果 / 016
盐池县青山乡营盘台村吴银东果园 2 号苹果 / 018
盐池县青山乡营盘台村吴银东果园 3 号苹果 / 020
盐池县青山乡方山村吴生成果园 1 号苹果 / 022
盐池县青山乡方山村吴生成果园 2 号苹果 / 024
盐池县青山乡方山村吴生成果园 3 号苹果 / 026
盐池县青山乡方山村吴生成果园 4 号苹果 / 028
盐池县青山乡方山村吴生成果园 5 号苹果 / 030
盐池县王乐井乡牛记圈村田德果园 1 号苹果 / 032
盐池县王乐井乡牛记圈村田德果园 2 号苹果 / 034
盐池县王乐井乡孙家楼村孙荣旺果园 1 号苹果 / 036
盐池县王乐井乡孙家楼村孙荣旺果园 2 号苹果 / 038
盐池县王乐井乡石山子村周锭果园 1 号苹果 / 040
盐池县王乐井乡石山子村周锭果园 2 号苹果 / 042
盐池县王乐井乡石山子村周锭果园 3 号苹果 / 044
盐池县王乐井乡石山子村周锭果园 4 号苹果 / 046

盐池县王乐井乡石山子村周锭果园 5 号苹果 / 048

盐池县大水坑镇大水坑村牛秀果园 1 号苹果 / 050

盐池县冯记沟乡雨强村崔文亮果园 1 号苹果 / 052

盐池县冯记沟乡雨强村崔文亮果园 2 号苹果 / 054

盐池县冯记沟乡雨强村崔文亮果园 3 号苹果 / 056

盐池县冯记沟乡雨强村崔文亮果园 4 号苹果 / 058

盐池县冯记沟乡雨强村崔文亮果园 5 号苹果 / 060

盐池县高沙窝镇营西村蔡风知果园 1 号苹果 / 062

盐池县麻黄山乡沙崾岘村余生祥果园 1 号苹果 / 064

盐池县惠安堡镇大坝村郑恩荣果园 1 号苹果 / 066

盐池县惠安堡镇大坝村郑恩荣果园 2 号苹果 / 068

盐池县惠安堡镇大坝村郑恩荣果园 3 号苹果 / 070

盐池县花马池镇沟沿村吴凤莲果园 1 号苹果 / 072

杏 *Armeniaca vulgaris* **Lam.** / 075

盐池县青山乡营盘台村吴银东果园 1 号杏 / 076

盐池县青山乡方山村吴生成果园 1 号杏 / 078

盐池县青山乡方山村吴生成果园 2 号杏 / 080

盐池县王乐井乡牛记圈村田德果园 1 号杏 / 082

盐池县王乐井乡牛记圈村田德果园 2 号杏 / 084

盐池县王乐井乡牛记圈村田德果园 3 号杏 / 086

盐池县王乐井乡牛记圈村田德果园 4 号杏 / 088

盐池县王乐井乡孙家楼村孙荣旺果园 1 号杏 / 090

盐池县王乐井乡石山子村周锭果园 1 号杏 / 092

盐池县王乐井乡石山子村周锭果园 2 号杏 / 094

盐池县大水坑镇大水坑村牛秀果园 1 号杏 / 096

盐池县冯记沟乡雨强村张明果园 1 号杏 / 098

盐池县冯记沟乡雨强村张明果园 2 号杏 / 100

盐池县冯记沟乡雨强村张明果园 3 号杏 / 102

盐池县冯记沟乡雨强村崔文亮果园 1 号杏 / 104

盐池县冯记沟乡雨强村崔文亮果园 2 号杏 / 106

盐池县高沙窝镇营西村蔡风知果园 1 号杏 / 108

盐池县麻黄山乡沙崾岘村余生祥果园 1 号杏 / 110

盐池县麻黄山乡沙崾岘村余生祥果园 2 号杏 / 112

盐池县麻黄山乡沙崾岘村余生祥果园 3 号杏 / 114

盐池县麻黄山乡何新庄村贺玉生果园 1 号杏 / 116

盐池县麻黄山乡何新庄村贺玉生果园 2 号杏 / 118

盐池县麻黄山乡何新庄村贺玉生果园 3 号杏 / 120

盐池县麻黄山乡何新庄村贺玉生果园 4 号杏 / 122

盐池县惠安堡镇大坝村郑恩荣果园 1 号杏 / 124

盐池县青山乡青山村杨勇果园 1 号杏 / 126

桃 *Amygdalus persica* L. / 129

盐池县青山乡方山村吴生成果园 1 号桃 / 130

盐池县花马池镇佟记圈村佟建宏果园 1 号桃 / 132

盐池县王乐井乡石山子村周锭果园 1 号桃 / 134

盐池县王乐井乡石山子村周锭果园 2 号桃 / 136

盐池县王乐井乡石山子村周锭果园 3 号桃 / 138

盐池县大水坑镇大水坑村牛秀果园 1 号桃 / 140

盐池县冯记沟乡雨强村张明果园 1 号桃 / 142

盐池县冯记沟乡雨强村崔文亮果园 1 号桃 / 144

盐池县冯记沟乡雨强村崔文亮果园 2 号桃 / 146

盐池县冯记沟乡雨强村崔文亮果园 3 号桃 / 148

盐池县高沙窝镇营西村蔡风知果园 1 号桃 / 150

盐池县麻黄山乡沙崾岘村余生祥果园 1 号桃 / 152

盐池县麻黄山乡沙崾岘村余生祥果园 2 号桃 / 154

盐池县花马池镇沟沿村魏建忠果园 1 号桃 / 156

盐池县王乐井乡牛记圈村田德果园 1 号桃 / 158

枣 *Ziziphus jujuba* Mill. / 161

盐池县青山乡营盘台村吴银东果园 1 号枣 / 162

盐池县青山乡营盘台村吴银东果园 2 号枣 / 164

盐池县青山乡营盘台村吴银东果园 3 号枣 / 166

盐池县王乐井乡孙家楼村孙荣旺果园 1 号枣 / 168

盐池县大水坑镇大水坑村牛秀果园 1 号枣 / 170

盐池县冯记沟乡雨强村崔文亮果园 1 号枣 / 172

盐池县冯记沟乡雨强村崔文亮果园 2 号枣 / 174

盐池县高沙窝镇营西村蔡风知果园 1 号枣 / 176

盐池县麻黄山乡沙崾岘村余生祥果园 1 号枣 / 178

盐池县惠安堡镇杜记沟村关明果园 1 号枣 / 180

盐池县惠安堡镇大坝村郑恩荣果园 1 号枣 / 182

盐池县青山乡方山村吴生成果园 1 号枣 / 184

盐池县王乐井乡石山子村周锭果园 1 号枣 / 186

盐池县花马池镇四墩子村杨勇果园 1 号枣 / 188

李 *Prunus salicina* Lindl. / 191

盐池县王乐井乡孙家楼村孙荣旺果园 1 号李 / 192

盐池县王乐井乡孙家楼村孙荣旺果园 2 号李 / 194

盐池县王乐井乡石山子村周锭果园 1 号李 / 196

盐池县王乐井乡石山子村周锭果园 2 号李 / 198

盐池县王乐井乡石山子村周锭果园 3 号李 / 200

盐池县王乐井乡石山子村周锭果园 4 号李 / 202

盐池县惠安堡镇大坝村郑恩荣果园 1 号李 / 204

梨 *Pyrus* spp. / 207

盐池县青山乡营盘台村吴银东果园 1 号梨 / 208

盐池县青山乡方山村吴生成果园 1 号梨 / 210

盐池县青山乡方山村吴生成果园 2 号梨 / 212

盐池县大水坑镇大水坑村牛秀果园 1 号梨 / 214

盐池县冯记沟乡雨强村崔文亮果园 1 号梨 / 216

盐池县惠安堡镇大坝村郑恩荣果园 1 号梨 / 218

盐池县王乐井乡石山子村周锭果园 1 号梨 / 220

盐池县麻黄山乡沙崾岘村余生祥果园 1 号杜梨 / 222

核　桃 *Juglans regia* L. / 225

盐池县高沙窝镇营西村蔡风知果园 1 号核桃 / 226

盐池县麻黄山乡沙崾岘村余生祥果园 1 号核桃 / 228

盐池县麻黄山乡沙崾岘村余生祥果园 2 号核桃 / 230

盐池县麻黄山乡沙崾岘村余生祥果园 3 号核桃 / 232

海棠果 *Malus prunifolia*（Willd.）Borkh. / 235

盐池县冯记沟乡雨强村崔文亮果园 1 号海棠果 / 236

盐池县冯记沟乡雨强村崔文亮果园 2 号海棠果 / 238

盐池县冯记沟乡雨强村崔文亮果园 3 号海棠果 / 240

盐池县高沙窝镇营西村蔡风知果园 1 号海棠果 / 242

葡　萄 *Vitis vinifera* L. / 245

盐池县青山乡营盘台村吴银东果园 1 号葡萄 / 246

盐池县冯记沟乡雨强村崔文亮果园 1 号葡萄 / 248

枸　杞 *Lycium chinense* Mill. / 251

盐池县花马池镇佟记圈村佟建宏果园 1 号枸杞 / 252

樱　桃 *Cerasus pseudocerasus* Lindl. / 255
盐池县惠安堡镇杜记沟村关明果园 1 号樱桃 / 256

山　楂 *Crataegus pinnatifida* Bunge / 259
盐池县王乐井乡石山子村周锭果园 1 号山楂 / 260

花　椒 *Zanthoxylum bungeanum* Maxim. / 263
盐池县青山乡营盘台村吴银东果园 1 号花椒 / 264

参考文献 / 266
附　录 / 267

第一章 概况

一、基本情况

1. 气候条件

盐池县位于北纬37°04′~38°10′、东经106°30′~107°47′，属典型的中温带大陆性季风气候，行政区域面积8 522.2 km²，多年人口总数一直保持在17万左右，地广人稀。地势南高北低，县内无险峰峻岭，无大河流。南部为黄土丘陵区，海拔1 600~1 800 m，沟壑纵横，北部为鄂尔多斯缓坡丘陵区，海拔1 400~1 600 m，开阔平缓。从气候区划来看，盐池县位于干旱—半干旱气候过渡区，盐池县气象局近20年（2000—2020年）观测数据显示，区域年平均气温8.9℃，夏季炎热，极端最高气温38.7℃，冬季极端最低气温-29.4℃。年均降水量304.55 mm，降水时空分布不均，年均蒸发量1 980.6 mm。光照资源丰富，年均日照时数达2 765.5 h，≥10℃有效积温3 835.5℃，无霜期188 d左右。丁永平[2]将宁夏主栽果树苹果、酿酒葡萄、桃的轻、中、重霜冻发生频率以及各霜冻等级可能产生的影响作为霜冻危险指标，将全区霜冻风险从低至高划分为无风险、低风险、中风险、高风险和极高风险5个等级，盐池县为低风险地区。

对盐池县60年（1960—2020年）终霜日和初霜日进行线性分析（图1-1、图1-2）发现，区域无霜期天数呈增加趋势，这为盐池县发展经济林产业奠定了气候条件，但从另外一个角度来看，当地气候也在逐渐变暖。

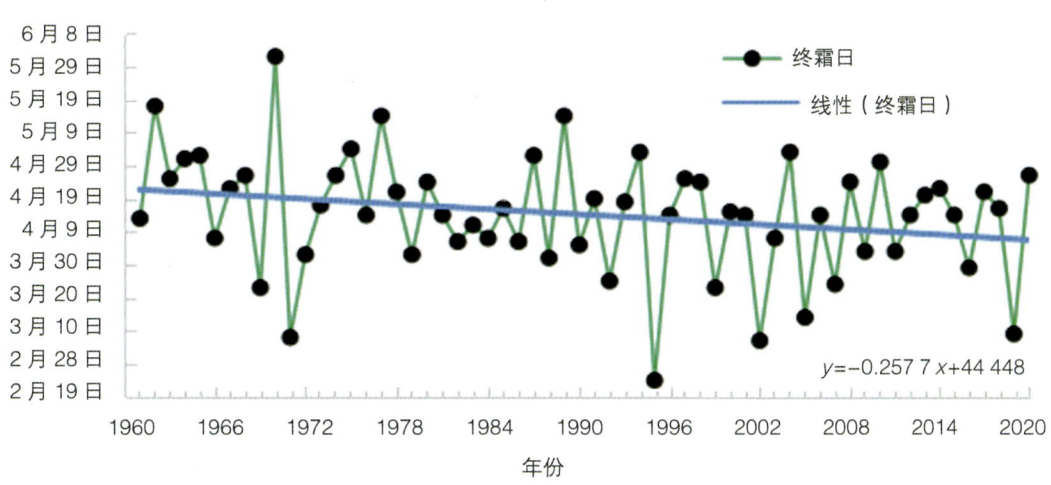

图1-1　盐池县60年（1960—2020年）终霜日线性分析图

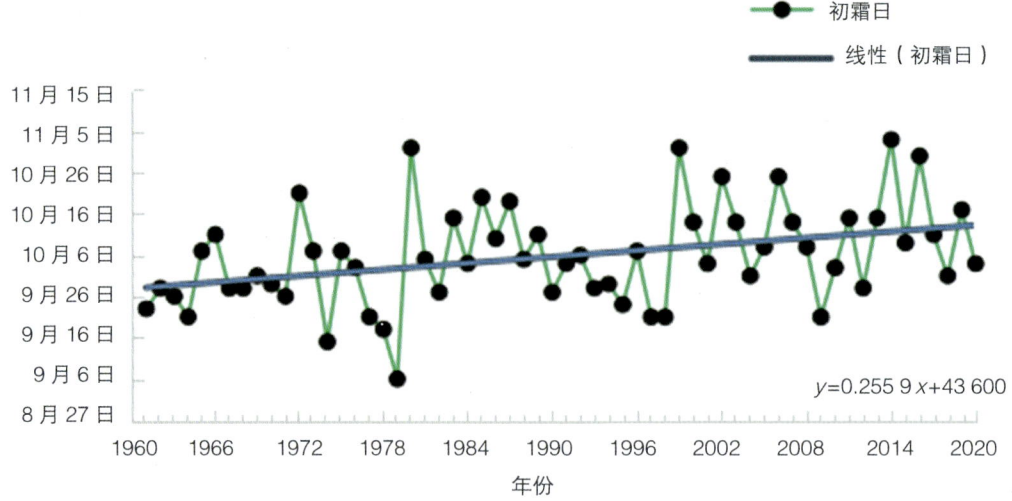

图1-2 盐池县60年（1960—2020年）初霜日线性分析图

2. 水资源

盐池县水资源较匮乏，根据盐池县气象局30年（1990—2020年）降水监测，年均降水量304.55 mm，且集中在7—9月，最大降水量多集中在8月，整体气候较干燥。其他水资源主要为黄河扬水、地表水以及地下水，每年给盐池县分配的黄河用水指标为8 000万 m^3。可建设蓄水池、收集季节性降水和农田冬灌最后一水，同时借助宁夏"六权"改革中的用水权改革，分指标、确水权，定水定绿，以此保障经济林产业用水。

截至2021年末，全县经济林总面积2.731 6万亩，其中：杏1.3万亩，枣0.8万亩，苹果0.2万亩，枸杞0.061 6万亩，桃、梨等小杂果0.37万亩。大面积杏树主要分布在麻黄山乡，枣树主要分布在王乐井乡，其他果树主要分布在农户房前屋后和庭院中。

二、调查目的和意义

1. 调查目的

在全县范围内开展经济林种质资源调查，查清现阶段盐池县经济林种质资源的数量、分布、特性及开发利用现状。在经济林种质资源调查的基础上，对调查数据进行科学分析、整理、汇总，并通过全面系统的经济林种质资源调查，筛选出适合盐池县气候环境的经济林树种，为全县发展经济林产业提供理论和数据支撑。

2.调查意义

一是有助于摸清全县优势经济林种质资源。枣、杏、桃等经济林树种在盐池县均有种植，既有政府相关部门推广的品种，也有企业和农户自行引种的品种，在多年的栽植过程中，有的品种已经成为助力经济发展的优势树种。此次经济林种质资源调查，不仅可以摸清全县经济林产业概况，更主要的是可以筛选出适合盐池县气候环境的经济林树种，为后期发展经济林产业提供理论和数据支撑。

二是有助于优化产业结构，加快社会主义新农村建设进程。一直以来，滩羊产业是盐池县农户经济收入的支柱产业之一，在广袤的农村，几乎每家都会养殖数量不等的滩羊（十几只到数百只），受市场和封山禁牧影响，羊肉价格起伏不定，加之农户自身抵御风险的能力较弱，单一地发展滩羊产业不利于"农村发展、农民增收"和巩固脱贫攻坚取得的成果。

三是有助于保护和挖掘经济林古树名木。具有重要历史、文化、景观与科学研究价值的经济林古树名木，不仅保存了弥足珍贵的物种资源，记录了大自然的历史变迁，更传承了人类发展的历史文化。加强经济林古树名木保护，对维护生物多样性、弘扬先进生态文化、推进生态文明和美丽中国建设具有十分重要的意义。

三、调查对象和内容

1.调查对象

全县8个乡镇具有经济价值的经济林品种、类型或个体，重点为：一是现有审（认）定品种或农家品种；二是优势经济林树种或具有特异性状的类型；三是具有较大科研、文化、历史价值的材料，如在树体、花、果及油脂品质等方面具有特异性的材料；四是野生资源与地方栽培品种。

2.调查内容

为全面获取调查对象的信息资料，按照经济林种质资源调查内容进行调查。

一是经济林种质资源栽植地的地理和立地条件，主要包括地理（地理坐标、地貌、海拔）、土壤类型等。

二是经济林种质资源的形态特征和生物学特征，主要为经济林种质资源的物候期、植物学形态、生长结果习性、产量品质等特征。

三是经济林种质资源的果实特性（外观品质、感官品质，主要为果实大小、形状、颜色以及果实总糖、总酸、可溶性固形物、维生素C等）和其他特性。

四、调查方法

1. 查阅资料

通过查阅现有的档案、文献资料，了解盐池县经济林栽植情况，掌握当地经济林栽植基本信息，为后期经济林种质资源普查奠定基础。

2. 知情人访谈和踏查

通过走访基层护林员、林业技术人员和当地知情村民，了解当地经济林栽植情况，并通过实地踏查，掌握经济林种质资源普查第一手资料。

3. 确定普查对象

通过前期查阅资料和走访踏查，选择已进入结果期并具有代表性的经济林树种作为此次普查对象。

4. 规划普查路线

按照"统筹规划、节约成本"的原则，对已确定普查的经济林样本地点进行线路规划，不走"弯路、回头路"，最大限度节约普查成本。

5. 调查种质资源性状

主要包括经济林种质资源的树龄、树势、成枝力、叶片形状以及各物候期等。

6. 拍摄照片

照片采用2 000万以上像素的数码相机进行拍摄，主要拍摄经济林种质资源的树体、枝、叶、花、果实等。

五、调查步骤

1. 前期准备阶段

2020年11月底前,收集查阅相关文献资料,编制《宁夏盐池县主要经济林种质资源普查实施方案》,成立经济林种质资源调查领导小组,动员全县8个乡镇林业站工作人员参与此次调查。

2. 资源普查阶段

2020年12月至2021年3月,对全县8个乡镇经济林种质资源进行普查,摸清经济林种质资源分布情况。

3. 外业调查阶段

2021年4月至2022年10月,根据全县经济林种质资源普查结果,统一调查内容和技术表格,全面启动调查工作。利用2年时间完成所有外业调查数据的收集和整理。

4. 内业整理阶段

2022年11月至2023年8月,对收集的数据进行整理、汇总,对因自然灾害或其他原因造成调查对象数据未采集完整的,制订补充采集计划。对缺漏的数据、图片等资料进行补充采集和完善,委托有资质的单位对经济林果实进行品质测定。编写《宁夏盐池县主要经济林种质资源名录》。

六、调查依据和标准

按照中华人民共和国林业行业标准《林木种质资源共性描述规范》(LY/T 2192—2013)和《宁夏林木种质资源普查技术规程》,成立调查领导小组,编制《宁夏盐池县主要经济林种质资源普查实施方案》,确定调查的范围、步骤和方法,主要调查内容为经济林种质资源种植地的地理和立地条件、形态特征和生物学特征、果实特性等。

七、调查工作完成情况

本次共调查到113份经济林种质资源，其中：苹果29份，杏26份，桃15份，枣14份，李7份，梨7份，核桃4份，海棠果4份，葡萄2份，杜梨、枸杞、樱桃、山楂、花椒各1份。委托宁夏农产品质量标准与检测技术研究所对其中68份样株果实的总糖、总酸、维生素C及可溶性固形物进行品质测定。盐池县经济林种质资源调查样点分布见图1-3。

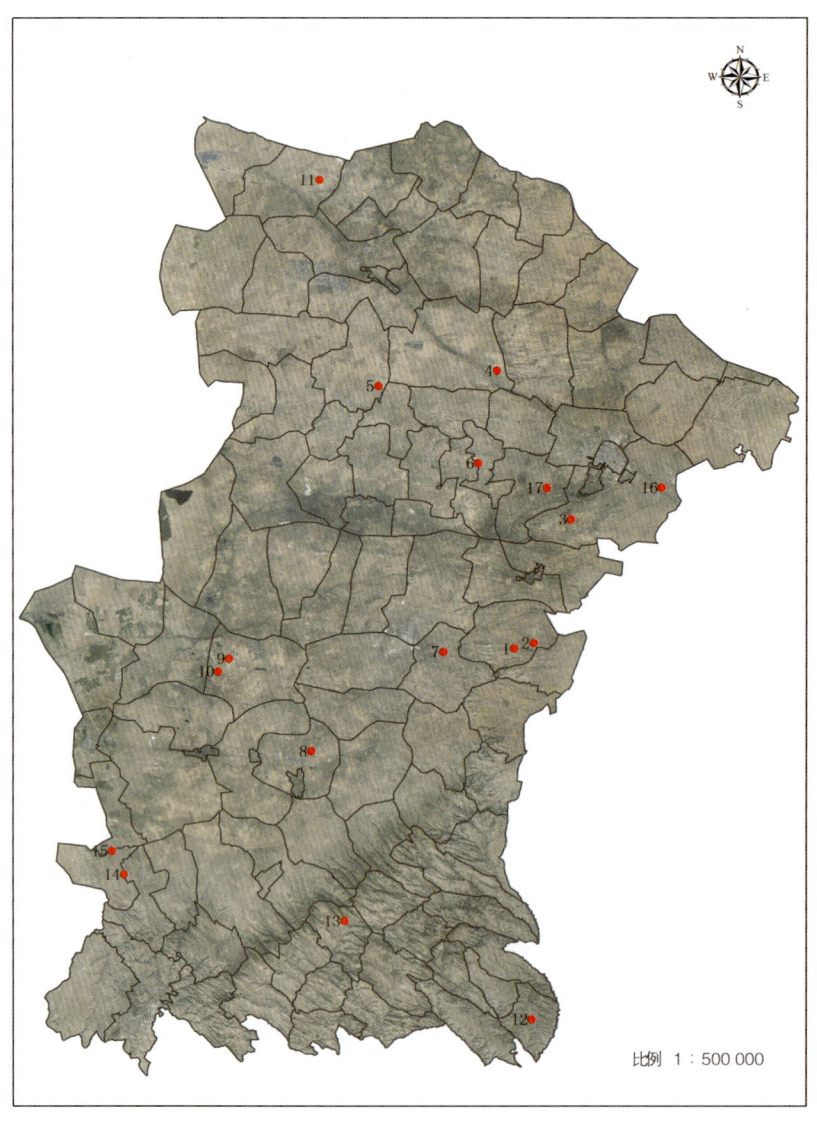

图 1-3　盐池县经济林种质资源调查样点分布图

1. 蔷薇科 Rosaceae 苹果属 *Malus* 苹果 *Malus pumila* Mill.

2. 蔷薇科 Rosaceae 杏属 *Armeniaca* 杏 *Armeniaca vulgaris* Lam.

3. 蔷薇科 Rosaceae 桃属 *Amygdalus* 桃 *Amygdalus persica* L.

4. 鼠李科 Rhamnaceae 枣属 *Ziziphus* 枣 *Ziziphus jujuba* Mill.

5. 蔷薇科 Rosaceae 李属 *Prunus* 李 *Prunus salicina* Lindl.

6. 蔷薇科 Rosaceae 梨属 *Pyrus* 梨 *Pyrus* spp.

7. 蔷薇科 Rosaceae 梨属 *Pyrus* 杜梨 *Pyrus betulifolia* Bunge

8. 胡桃科 Juglandaceae 胡桃属 *Juglans* 核桃 *Juglans regia* L.

9. 蔷薇科 Rosaceae 苹果属 *Malus* 海棠果 *Malus prunifolia*（Willd.）Borkh.

10. 葡萄科 Vitaceae 葡萄属 *Vitis* 葡萄 *Vitis vinifera* L.

11. 茄科 Solanaceae 枸杞属 *Lycium* 枸杞 *Lycium chinense* Mill.

12. 蔷薇科 Rosaceae 樱属 *Cerasus* 樱桃 *Cerasus pseudocerasus* Lindl.

13. 蔷薇科 Rosaceae 山楂属 *Crataegus* 山楂 *Crataegus pinnatifida* Bunge

14. 芸香科 Rutaceae 花椒属 *Zanthoxylum* 花椒 *Zanthoxylum bungeanum* Maxim.

八、经济林种质资源主要利用情况

本次调查发现，盐池县从南部麻黄山乡至北部高沙窝镇8个乡镇均不同程度和范围栽植经济林，县域内的麻黄山乡以栽植杏树为主，相较于其他7个乡镇，该乡地貌以黄土丘陵为主，山高沟深，沟壑纵横，山与山之间形成区域小型盆地，辐射强、增温快、春暖早[3]。同时，该乡气象观测点多年数据显示，该乡年均降水量明显高于其他7个乡镇，这也为当地发展经济林产业奠定了气候基础，本次调查发现的2株百年以上杏树，其中1株就在该乡。

从经济林栽植情况来看，全县经济林以农户房前屋后、墙角院落为主，规模性和产业集聚性尚未形成，经济林产品多为农户自食或零星销售，虽然县域内的麻黄山乡杏树形成了一定的规模，但整体示范带动性不强，以散户种植、零散出售为主，冯记沟乡一处调查样点种植面积大，树种以苹果为主，果实成熟后向本市的食品厂出售。

从经济林管理来看，本次调查发现惠安堡镇和冯记沟乡各有一处经济林样点管理水平较高。惠安堡镇样点主要栽植苹果，面积约10亩，树龄在20年以上，树高基本控制在2.5~3 m，该样点的苹果树采用了典型的疏散分层形修剪方法，中心留主干，树体整体分3层，每层间隔0.5 m左右，有3~4根侧枝，第一层距地面约1 m，开花结果后能及时疏花疏果，果实品质好、产量高。冯记沟乡样点主要栽植苹果、桃、杏、葡萄、枣等经济林树种，面积约70亩，树龄10~20年不等，苹果树也采用了疏散分层形修剪方法，树体整体分3层；桃树采用了三主枝开心形修剪方法，主干与主枝夹角约50°，树势强健；枣树为纺锤形树体，有中央领导干，其上均匀错落着生8~10根主枝。其他乡镇经济林样点管理水平不高，农户多凭感觉进行管理，修剪时又担心影响产量，主枝更新换代不明显。

从经济林栽培树种来看，本次调查共发现盐池县有6科12属14种经济林，苹果、杏、桃、枣（见图1-4至图1-7）为当地主要栽植树种，占调查资源的74%，上述14种经济林除花椒外，其他13种基本能适应当地气候，能在非极端天气影响下正常生长结果。本次调查发现有2个乡镇栽植花椒，一处在麻黄山乡沙崾岘村，另一处在青山乡营盘台村，这两处栽植的花椒不能在当地安全越冬，青山乡营盘台村农户在冬季采用了埋土和搭建简易越冬棚的措施使其越冬，但效果不理想，当年冬季受冻后，来年从根部长出新的枝条；麻黄山乡沙崾岘村的5株花椒在调查的2年时间内，萌芽率低，不能正常结果。上述2处花椒株高不超过1.5 m。

图1-4 苹果

图1-5 杏

灵武市毗邻黄河，为宁夏引黄灌区，经济林产业发展相对较早，栽植的鲜食品种灵武长枣已成为当地的特色产业，截至

图 1-6　桃　　　　　　　　　图 1-7　枣

2017年底，宁夏灵武长枣栽植总面积约15万亩，其中灵武市14.2万亩，年鲜枣产量2万 t[4]。从经济林果实品质来看，盐池县所产的苹果和灵武长枣无论是口感还是果实大小均与灵武市差异不大，部分样点果实的总糖、维生素 C 含量高于灵武市，说明盐池县具有发展经济林产业的基础性气候条件。

第二章
宁夏盐池县主要经济林种质资源性状描述

苹 果

Malus pumila Mill.

苹果属蔷薇科（Rosaceae）苹果属（*Malus*）落叶乔木，为我国主要经济林树种之一，栽培面积和产量居北方主要果树之首。栽培的苹果树一般株高3~5 m，单叶互生，自花结实率低，需异花授粉，定园栽植时需配置授粉树。2021年全国苹果种植面积为3 132.12万亩，产量为4 597.34万 t，红富士系列是主导品种，全国平均占比70%[5]。根据宁夏林业和草原局统计，截至2021年末，全区苹果栽植面积52.92万亩，产量56.71万 t，主要栽植地点为灵武市、沙坡头区、中宁县等地。

盐池县青山乡营盘台村吴银东果园 1 号苹果

资源编号：1-1。

地理和立地条件：盐池县中部地区，灰钙土，滴灌灌溉。

形态特征和生物学特征：树龄15年，树势强健，树姿开张，树冠半圆形，成枝力中等，叶片椭圆形，叶缘具复锯齿，4月上旬萌芽，4月下旬进入盛花期，果实10月上旬成熟，10月下旬落叶，晚熟品种，丰产性好。

果实特性：平均单果重144.96 g，果实扁圆形，平均横径、纵径分别为7.05 cm 和5.66 cm，成熟的果实底色黄绿色，阳面有红晕，果肉白色，肉质紧实，汁液多，味酸甜，品质中等。

树　体

叶　片

果　实

萌芽期（4月5日摄）

盛花期（4月27日摄）

坐果期（5月15日摄）

膨大期（9月12日摄）

横　径

纵　径

成熟期（10月10日摄）

盐池县青山乡营盘台村吴银东果园2号苹果

资源编号：1-2。

地理和立地条件：盐池县中部地区，灰钙土，滴灌灌溉。

形态特征和生物学特征：树龄15年，树势强健，树姿开张，成枝力中等，叶片长卵形，颜色较浅，3月下旬萌芽，4月下旬进入盛花期，果实10月上旬成熟，10月下旬落叶，晚熟品种，丰产性较好。

果实特性：平均单果重163.2 g，果实短圆锥形，平均横径、纵径分别为7.18 cm和6.2 cm，果实阳面有红晕，果肉黄白色，肉质细而爽脆，汁液多，品质中等。

叶　片

果　实

树　体

萌芽期（3月28日摄）

盛花期（4月27日摄）

坐果期（5月27日摄）

膨大期（6月25日摄）

着色期（8月7日摄）

横　径

纵　径

成熟期（10月2日摄）

盐池县青山乡营盘台村吴银东果园 3 号苹果

资源编号：1-3。

地理和立地条件：盐池县中部地区，灰钙土，滴灌灌溉。

形态特征和生物学特征：树龄17年，树势中庸，树姿直立，成枝力弱，叶片椭圆形，4月上旬萌芽，4月下旬进入盛花期，果实10月上旬成熟，10月下旬落叶，晚熟品种，丰产性较好。

果实特性：平均单果重155.7 g，果实圆锥形，平均横径、纵径分别为7.1 cm 和6.25 cm，成熟的果实底色黄绿色，果肉白色，肉质紧实、爽脆，汁液多，酸甜适口，品质中等。

树 体

叶 片

果 实

萌芽期（4月2日摄）

初花期（4月16日摄）

盛花期（4月23日摄）

坐果期（5月8日摄）

膨大期（8月20日摄）

横　径

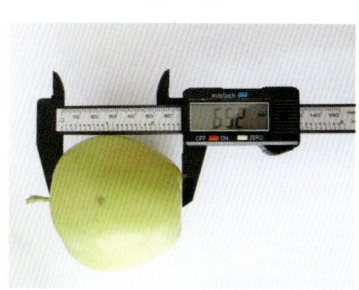
纵　径

成熟期（10月2日摄）

盐池县青山乡方山村吴生成果园1号苹果

资源编号：1-4。

地理和立地条件：盐池县中部地区，灰钙土，漫灌灌溉。

形态特征和生物学特征：树龄23年，树势中庸，树姿开张，成枝力中等，叶片椭圆形，3月下旬萌芽，4月下旬进入盛花期，果实9月下旬成熟，10月下旬落叶，中晚熟品种，丰产性较好。

果实特性：平均单果重178.2 g，果实扁圆形，平均横径、纵径分别为7.89 cm和6.26 cm，成熟的果实底色黄绿色，果肉黄白色，肉质中粗、致密，味甜微酸，香气较浓，品质上等。

树　体

叶　片

果　实

萌芽期（3月28日摄）

初花期（4月17日摄）

盛花期（4月27日摄）

坐果期（5月15日摄）

膨大期（6月25日摄）

横　径

纵　径

成熟期（9月25日摄）

盐池县青山乡方山村吴生成果园 2 号苹果

资源编号：1-5。

地理和立地条件：盐池县中部地区，灰钙土，漫灌灌溉。

形态特征和生物学特征：树龄18年，树势强健，树姿开张，成枝力强，叶片长卵形，3月下旬萌芽，4月下旬进入盛花期，果实10月上旬成熟，10月下旬落叶，晚熟品种，丰产性好。

果实特性：平均单果重184.04 g，果实短圆锥形，平均横径、纵径分别为7.56 cm和6.34 cm，成熟果实底色黄绿色，阳面有红晕，果肉黄白色，肉质中粗、致密，味酸甜，品质上等。

叶　片

果　实

树体

萌芽期（3月28日摄）

初花期（4月17日摄）

盛花期（4月27日摄）

坐果期（5月15日摄）

膨大期（8月7日摄）

横　径

纵　径

成熟期（10月10日摄）

盐池县青山乡方山村吴生成果园 3 号苹果

资源编号：1-6。

地理和立地条件：盐池县中部地区，灰钙土，漫灌灌溉。

形态特征和生物学特征：树龄21年，树势中庸，树姿较开张，成枝力中等，叶片长卵形或椭圆形，4月上旬萌芽，4月下旬进入盛花期，果实10月上旬成熟，10月下旬落叶，晚熟品种，丰产性好。

果实特性：平均单果重168.54 g，果实近圆形，平均横径、纵径分别为7.39 cm和6.06 cm，成熟果实红色较浅，果肉乳黄色，肉质细、紧、脆，汁液多，味甜微酸，品质中等。

叶 片

果 实

树 体

萌芽期（4月1日摄）

初花期（4月17日摄）

盛花期（4月27日摄）

坐果期（5月15日摄）

膨大期（7月25日摄）

横　径

纵　径

成熟期（10月10日摄）

盐池县青山乡方山村吴生成果园 4 号苹果

资源编号：1-7。

地理和立地条件：盐池县中部地区，灰钙土，漫灌灌溉。

形态特征和生物学特征：树龄16年，树势中庸，树姿直立且紧凑，成枝力弱，叶片长卵形，叶色浓绿，3月下旬萌芽，4月下旬进入盛花期，果实9月下旬成熟，10月下旬落叶，中晚熟品种，丰产性好。

果实特性：平均单果重208.7 g，果实短圆锥形，五棱明显，平均横径、纵径分别为8.04 cm 和6.33 cm，成熟果实底色黄绿色，果面红色，果皮厚，果肉黄白色，肉质紧脆，汁液多，酸甜适口，品质上等。

树 体

叶 片

果 实

萌芽期（3月28日摄）

初花期（4月17日摄）

盛花期（4月27日摄）

坐果期（5月14日摄）

膨大期（7月10日摄）

横　径

纵　径

成熟期（9月25日摄）

盐池县青山乡方山村吴生成果园 5 号苹果

资源编号：1-8。

地理和立地条件：盐池县中部地区，灰钙土，漫灌灌溉。

形态特征和生物学特征：树龄17年，树势强健，树姿开张，成枝力中等，叶片长卵形或椭圆形，4月上旬萌芽，4月下旬进入盛花期，果实8月中旬成熟，10月下旬落叶，早熟品种，丰产性好。

果实特性：平均单果重72.5 g，果实短圆锥形，平均横径、纵径分别为5.85 cm 和 4.81 cm，成熟果实底色黄绿色，果面有部分红条纹或红晕，果肉黄白色，肉质细，味甜微酸，品质中等。

叶　片　　　　　　　果　实

树体

萌芽期（4月1日摄）

初花期（4月17日摄）

盛花期（4月23日摄）

坐果期（5月15日摄）

膨大期（6月25日摄）

横　径

纵　径

成熟期（8月14日摄）

盐池县王乐井乡牛记圈村田德果园1号苹果

资源编号：1-9。

地理和立地条件：盐池县北部地区，风沙土，漫灌灌溉。

形态特征和生物学特征：树龄17年，树势中庸，树姿开张，成枝力较强，叶片长卵形，叶缘具复锯齿，3月下旬萌芽，5月上旬进入盛花期，果实10月下旬成熟，晚熟品种，丰产性一般。

果实特性：平均单果重152.92 g，果实近圆形，平均横径、纵径分别为7.14 cm和6.23 cm，成熟果实底色黄绿色，果面有红条纹或红晕，果肉黄白色，肉质爽脆，有少量糖心，香气浓郁，品质中等。

叶　片　　　　　　　果　实

树　体

萌芽期（3月30日摄）

初花期（4月16日摄）

盛花期（5月3日摄）

坐果期（5月15日摄）

膨大期（8月21日摄）

横　径

纵　径

成熟期（10月23日摄）

盐池县王乐井乡牛记圈村田德果园 2 号苹果

资源编号：1-10。

地理和立地条件：盐池县北部地区，风沙土，漫灌灌溉。

形态特征和生物学特征：树龄17年，树势强健，树姿开张，成枝力强，叶片长卵形，4月上旬萌芽，4月下旬进入盛花期，果实10月下旬成熟，晚熟品种，丰产性较好。

果实特性：平均单果重169.36 g，果实近圆形，平均横径、纵径分别为7.42 cm和6.48 cm，成熟果实果面浓红色，果肉黄白色，肉质紧实，汁液多，有少量糖心，味甜微酸，有香气，品质中等。

叶　片　　　　　　　　　果　实

树　体

萌芽期（4月8日摄）

初花期（4月16日摄）

盛花期（4月23日摄）

坐果期（5月15日摄）

膨大期（8月21日摄）

横　径

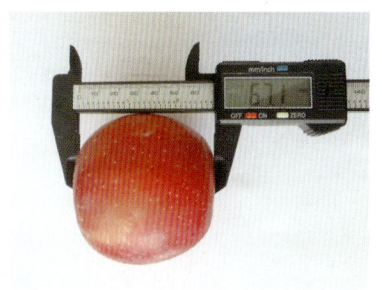
纵　径

成熟期（10月23日摄）

盐池县王乐井乡孙家楼村孙荣旺果园1号苹果

资源编号：1-11。

地理和立地条件：盐池县北部地区,风沙土,漫灌灌溉。

形态特征和生物学特征：树龄7年,树势强健,树姿直立,成枝力弱,叶片长卵形或纺锤形,4月上旬萌芽,4月下旬进入盛花期,果实10月上旬成熟,晚熟品种,丰产性好。

果实特性：平均单果重80.74 g,果实圆锥形,平均横径、纵径分别为5.77 cm和5.16 cm,成熟果实果面浅黄绿色,果肉黄白色,肉质较松软,汁液中等,有香气,味酸甜,品质上等。

树 体

叶 片

果 实

萌芽期（4月5日摄）

初花期（4月16日摄）

盛花期（4月26日摄）

坐果期（5月8日摄）

膨大期（7月16日摄）

横　径

纵　径

成熟期（10月3日摄）

盐池县王乐井乡孙家楼村孙荣旺果园 2 号苹果

资源编号：1-12。

地理和立地条件：盐池县北部地区，风沙土，漫灌灌溉。

形态特征和生物学特征：树龄11年，树势中庸，树姿开张且角度大，成枝力中等，叶片长卵形，4月上旬萌芽，4月下旬进入盛花期，果实8月下旬成熟，10月下旬落叶，早熟品种，丰产性较好。

果实特性：平均单果重118.56 g，果实扁圆形，平均横径、纵径分别为6.61 cm和5.62 cm，果面光滑、浓红色，果肉黄白色，放置一段时间后，肉质绵软，汁液中等，味酸甜，品质上等。

树　体

叶　片

果　实

萌芽期（4月10日摄）

初花期（4月15日摄）

盛花期（4月23日摄）

坐果期（5月21日摄）

膨大期（7月16日摄）

横　径

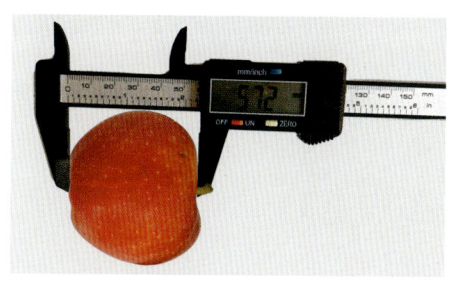
纵　径

成熟期（8月21日摄）

盐池县王乐井乡石山子村周锭果园1号苹果

资源编号：1-13。

地理和立地条件：盐池县中部地区，风沙土，漫灌灌溉。

形态特征和生物学特征：树龄11年，树势中庸，树姿较开张，成枝力弱，叶片长卵形，4月上旬萌芽，4月下旬进入盛花期，果实10月下旬成熟，晚熟品种，丰产性一般。

果实特性：平均单果重149.96 g，果实近圆形，平均横径、纵径分别为7.09 cm和6.04 cm，成熟果实具鲜红色条纹，果肉乳黄色，肉质细、紧、脆，汁液多，有少量糖心，酸甜适口，品质上等。

树 体

叶 片

果 实

萌芽期（4月2日摄）

初花期（4月16日摄）

盛花期（4月26日摄）

坐果期（5月15日摄）

膨大期（7月11日摄）

横　径

纵　径

成熟期（10月23日摄）

盐池县王乐井乡石山子村周锭果园 2 号苹果

资源编号：1-14。

地理和立地条件：盐池县中部地区，风沙土，漫灌灌溉。

形态特征和生物学特征：树龄10年，树势强健，树姿直立，成枝力强，叶片长卵形或椭圆形，4月上旬萌芽，4月下旬进入盛花期，果实10月上旬成熟，10月下旬落叶，晚熟品种，丰产性一般。

果实特性：平均单果重214.86 g，果实圆锥形或短圆锥形，平均横径、纵径分别为8.01 cm和7.59 cm，果皮薄、金黄色，果肉乳白色，有香气，肉质细，汁液多，酸甜适口，品质上等。

树　体

叶　片

果　实

萌芽期(4月2日摄)

初花期(4月16日摄)

盛花期(4月23日摄)

坐果期(5月21日摄)

膨大期(7月2日摄)

横　径

纵　径

成熟期(10月3日摄)

盐池县王乐井乡石山子村周锭果园 3 号苹果

资源编号：1-15。

地理和立地条件：盐池县中部地区，风沙土，漫灌灌溉。

形态特征和生物学特征：树龄10年，树势中庸，树姿直立，成枝力中等，叶片椭圆形，4月上旬萌芽，4月下旬进入盛花期，果实10月上旬成熟，10月下旬落叶，晚熟品种，丰产性一般。

果实特性：平均单果重172.42 g，果实圆锥形或短圆锥形，果型端正，平均横径、纵径分别为7.42 cm 和6.57 cm，果色浓红，果面光滑且有细小果点，果肉黄白色，酸甜适口，品质上等。

树　体

叶　片

果　实

萌芽期（4月2日摄）

初花期（4月16日摄）

盛花期（4月26日摄）

坐果期（5月27日摄）

膨大期（7月1日摄）

横　径

纵　径

成熟期（10月3日摄）

盐池县王乐井乡石山子村周锭果园 4 号苹果

资源编号：1-16。

地理和立地条件：盐池县中部地区，风沙土，漫灌灌溉。

形态特征和生物学特征：树龄16年，树势中庸，树姿直立，成枝力中等，叶片长椭圆形，4月中旬萌芽，5月上旬进入盛花期，果实10月下旬成熟，晚熟品种，丰产性一般。

果实特性：平均单果重215.32 g，果实短圆锥形，平均横径、纵径分别为7.77 cm和7.06 cm，果实底色黄绿色，阳面具红晕，果面光滑、蜡质厚，果肉乳白色，肉质紧实，汁液多，酸甜适口，品质上等。

树　体

叶　片

果　实

萌芽期（4月16日摄）

初花期（4月23日摄）

盛花期（5月3日摄）

坐果期（5月21日摄）

膨大期（8月28日摄）

着色期（9月18日摄）

横　径

纵　径

成熟期（10月23日摄）

盐池县王乐井乡石山子村周锭果园 5 号苹果

资源编号：1-17。

地理和立地条件：盐池县中部地区,风沙土,漫灌灌溉。

形态特征和生物学特征：树龄16年,树势中庸,树姿较开张,成枝力中等,叶片长椭圆形,4月中旬萌芽,4月下旬进入盛花期,果实10月下旬成熟,晚熟品种,丰产性一般。

果实特性：平均单果重160.28 g,果实圆锥形,平均横径、纵径分别为7.64 cm和7.16 cm,果实底色黄绿色,阳面红晕较多且有果点,蜡质厚,果肉乳白色,汁液多,酸甜适口,品质上等。

树 体

叶 片

果 实

萌芽期（4月16日摄）　　初花期（4月22日摄）　　盛花期（4月30日摄）

坐果期（5月21日摄）　　膨大期（7月23日摄）

横　径

纵　径

成熟期（10月23日摄）

盐池县大水坑镇大水坑村牛秀果园1号苹果

资源编号：1-18。

地理和立地条件：盐池县中部地区，黑垆土，漫灌灌溉。

形态特征和生物学特征：树龄18年，树势强健，树姿较开张，成枝力强，叶片长椭圆形，3月下旬萌芽，4月下旬进入盛花期，果实10月上旬成熟，晚熟品种，丰产性好。

果实特性：平均单果重289.42 g，果实扁圆形，平均横径、纵径分别为8.79 cm和7.41 cm，果实底色黄绿色，果面着中红色霞，果肉乳白色，肉质细、较脆，汁液多，酸甜适口，品质中等。

叶　片　　　　　　　　果　实

树　体

萌芽期（3月28日摄）

初花期（4月17日摄）

盛花期（4月27日摄）

坐果期（5月14日摄）

膨大期（9月20日摄）

横　径

纵　径

成熟期（10月10日摄）

盐池县冯记沟乡雨强村崔文亮果园1号苹果

资源编号：1-19。

地理和立地条件：盐池县中部地区，黑垆土，漫灌灌溉。

形态特征和生物学特征：树龄15年，树势中庸，树姿开张，成枝力中等，叶片较小，4月上旬萌芽，4月下旬进入盛花期，果实10月上旬成熟，晚熟品种，丰产性一般。

果实特性：平均单果重224.34 g，果实圆锥形，平均横径、纵径分别为8.09 cm和7.06 cm，果实着色均匀，果肉乳白色，肉质爽脆，汁液多，品质上等。

树 体

叶 片

果 实

萌芽期（4月2日摄）

初花期（4月17日摄）

盛花期（4月28日摄）

坐果期（5月15日摄）

膨大期（8月7日摄）

横　径

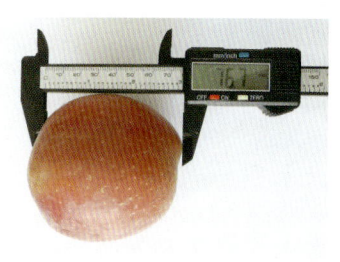

纵　径

成熟期（10月5日摄）

盐池县冯记沟乡雨强村崔文亮果园 2 号苹果

资源编号：1-20。

地理和立地条件：盐池县中部地区，黑垆土，漫灌灌溉。

形态特征和生物学特征：树龄15年，树势强健，树姿开张，成枝力强，叶片长椭圆形，4月上旬萌芽，4月下旬进入盛花期，果实10月上旬成熟，晚熟品种，丰产性好。

果实特性：平均单果重249.25 g，果实圆锥形或短圆锥形，果型端正，平均横径、纵径分别为8.11 cm和7.03 cm，果实底色黄绿色，阳面红色，果肉黄白色，有类似糖心的浅绿色果肉，肉质中粗，品质中等。

叶 片　　　　　　　果 实

树 体

萌芽期（4月2日摄）

初花期（4月17日摄）

盛花期（4月28日摄）

坐果期（5月15日摄）

膨大期（8月7日摄）

横　径

纵　径

成熟期（10月5日摄）

盐池县冯记沟乡雨强村崔文亮果园 3 号苹果

资源编号：1-21。

地理和立地条件：盐池县中部地区，黑垆土，漫灌灌溉。

形态特征和生物学特征：树龄10年，树势强健，树姿直立，成枝力中等，叶片长椭圆形，4月上旬萌芽，5月上旬进入盛花期，果实10月上旬成熟，晚熟品种，丰产性一般。

果实特性：平均单果重197.48 g，果实圆锥形或短圆锥形，平均横径、纵径分别为7.58 cm和6.84 cm，果实底色黄绿色，阳面浓红色，果肉黄白色，肉质松脆，汁液多，品质上等。

叶 片

果 实

树 体

萌芽期（4月2日摄）

初花期（4月17日摄）

盛花期（5月4日摄）

坐果期（5月15日摄）

膨大期（7月10日摄）

横　径

纵　径

成熟期（10月5日摄）

盐池县冯记沟乡雨强村崔文亮果园 4 号苹果

资源编号：1-22。

地理和立地条件：盐池县中部地区，黑垆土，漫灌灌溉。

形态特征和生物学特征：树龄22年，树势旺盛，树姿开张，成枝力强，叶片长卵圆形，4月上旬萌芽，4月下旬进入盛花期，果实10月中旬成熟，晚熟品种，丰产性好。

果实特性：平均单果重158.72 g，果实扁圆形，平均横径、纵径分别为7.52 cm和5.67 cm，果实底色黄绿色，阳面红色，果肉乳白色，肉质致密、细脆，汁液丰富，酸甜适口，品质中等。

叶 片

果 实

树 体

萌芽期（4月10日摄）　　　　　初花期（4月21日摄）

盛花期（4月28日摄）　　　坐果期（5月21日摄）　　　膨大期（8月5日摄）

横　径

纵　径

成熟期（10月16日摄）

盐池县冯记沟乡雨强村崔文亮果园 5 号苹果

资源编号：1-23。

地理和立地条件：盐池县中部地区，黑垆土，漫灌灌溉。

形态特征和生物学特征：树龄12年，树势旺盛，树姿开张，成枝力中等，叶片长卵圆形，4月中旬萌芽，4月下旬进入盛花期，果实9月中旬成熟，中晚熟品种，丰产性一般。

果实特性：平均单果重113.2 g，果实圆锥形或短圆锥形，平均横径、纵径分别为7.57 cm 和6.52 cm，果实黄绿色，果肉乳白色，肉质致密，汁液多，味酸甜，品质上等。

树 体

叶 片

果 实

萌芽期（4月11日摄）

初花期（4月16日摄）

盛花期（4月26日摄）

坐果期（5月27日摄）

膨大期（7月1日摄）

横　径

纵　径

成熟期（9月12日摄）

盐池县高沙窝镇营西村蔡风知果园 1 号苹果

资源编号：1-24。

地理和立地条件：盐池县北部地区，风沙土，无灌溉条件。

形态特征和生物学特征：树龄14年，树势中庸，树姿开张，成枝力弱，叶片长卵圆形或椭圆形，4月上旬萌芽，5月上旬进入盛花期，果实10月下旬成熟，晚熟品种，丰产性一般。

果实特性：平均单果重92.48 g，果实圆锥形或短圆锥形，平均横径、纵径分别为5.96 cm和5.02 cm，果实底色黄绿色，阳面红色，果肉黄白色，肉质细脆，汁液中等，味酸甜，品质中等。

叶 片　　　　　　果 实

树 体

萌芽期（4月8日摄）

初花期（4月26日摄）

盛花期（5月3日摄）

坐果期（5月15日摄）

膨大期（7月22日摄）

横　径

纵　径

成熟期（10月23日摄）

盐池县麻黄山乡沙崾岘村余生祥果园1号苹果

资源编号:1-25。

地理和立地条件:盐池县南部地区,黑垆土,漫灌灌溉。

形态特征和生物学特征:树龄22年,树势中庸,树姿开张,成枝力中等,叶片长卵形,4月上旬萌芽,5月上旬进入盛花期,果实10月上旬成熟,晚熟品种,丰产性一般。

果实特性:平均单果重148.04 g,果实圆锥形,平均横径、纵径分别为6.95 cm和6.24 cm,果实底色黄绿色,阳面有红霞,果肉乳白色,肉质细,汁液多,味甜微酸,品质中等。

树 体

叶 片

果 实

萌芽期（4月10日摄）

初花期（4月27日摄）

盛花期（5月4日摄）

坐果期（5月26日摄）

膨大期（7月31日摄）

横　径

纵　径

成熟期（10月10日摄）

盐池县惠安堡镇大坝村郑恩荣果园1号苹果

资源编号：1-26。

地理和立地条件：盐池县南部地区，黑垆土，滴灌灌溉。

形态特征和生物学特征：树龄20年，树势中庸，树姿较开张，成枝力低，叶片长卵形或椭圆形，4月上旬萌芽，4月下旬进入盛花期，果实10月上旬成熟，晚熟品种，丰产性一般。

果实特性：平均单果重165.72 g，果实圆锥形或短圆锥形，平均横径、纵径分别为7.4 cm和6.46 cm，果皮薄、金黄色，果肉黄白色，肉质细软，汁液多，有香气，酸甜适口，品质上等。

树　体　　　　叶　片　　　　果　实

萌芽期（4月2日摄）

初花期（4月17日摄）

盛花期（4月27日摄）

坐果期（5月15日摄）

膨大期（7月31日摄）

横　径

纵　径

成熟期（10月5日摄）

盐池县惠安堡镇大坝村郑恩荣果园 2 号苹果

资源编号：1-27。

地理和立地条件：盐池县南部地区，黑垆土，滴灌灌溉。

形态特征和生物学特征：树龄20年，树势中庸，树姿直立，成枝力中等，叶片椭圆形，4月上旬萌芽，4月下旬进入盛花期，果实10月中旬成熟，晚熟品种，丰产性好。

果实特性：平均单果重152.54 g，果实扁圆形，平均横径、纵径分别为7 cm和5.99 cm，果实底色黄绿色，阳面具断续红条纹或红霞，果肉黄白色，肉质紧实，汁液多，酸甜适口，品质上等。

叶 片

果 实

树 体

萌芽期（4月2日摄）

初花期（4月17日摄）

盛花期（4月27日摄）

坐果期（5月15日摄）

膨大期（7月31日摄）

横　径

纵　径

成熟期（10月16日摄）

盐池县惠安堡镇大坝村郑恩荣果园 3 号苹果

资源编号：1-28。

地理和立地条件：盐池县南部地区，黑垆土，滴灌灌溉。

形态特征和生物学特征：树龄20年，树势旺盛，树姿开张，成枝力强，叶片椭圆形，4月上旬萌芽，4月下旬进入盛花期，果实10月上旬成熟，晚熟品种，丰产性好。

果实特性：平均单果重214.34 g，果实近圆形或短圆锥形，平均横径、纵径分别为7.93 cm 和6.82 cm，果实底色黄绿色，有断续红条纹，果肉淡黄色，肉质细脆，汁液多，酸甜适口，品质中上等。

树　体

叶　片

果　实

萌芽期（4月2日摄）

初花期（4月17日摄）

盛花期（4月27日摄）

坐果期（5月15日摄）

膨大期（7月4日摄）

横　径

纵　径

成熟期（10月5日摄）

盐池县花马池镇沟沿村吴凤莲果园1号苹果

资源编号：1-29。

地理和立地条件：盐池县北部地区，风沙土，漫灌灌溉。

形态特征和生物学特征：树龄18年，树势旺盛，树姿开张，成枝力中等，叶片椭圆形，4月上旬萌芽，4月下旬进入盛花期，果实10月上旬成熟，晚熟品种，丰产性好。

果实特性：平均单果重161.44 g，果实圆锥形，平均横径、纵径分别为7.1 cm和6.29 cm，果实淡黄色，果肉乳黄色，肉质细软，汁液多，酸甜适口，品质中等。

叶　片　　　　　　　　　　果　实

树　体

萌芽期（4月8日摄）

初花期（4月14日摄）

盛花期（4月26日摄）

坐果期（6月1日摄）

膨大期（8月22日摄）

横　径

纵　径

成熟期（10月2日摄）

杏

***Armeniaca vulgaris* Lam.**

杏属蔷薇科（Rosaceae）杏属（*Armeniaca*）落叶乔木，为我国古老的栽培果树之一，在华北、西北和华东地区种植较多，少数地区逸为野生，主要在新疆伊犁一带。株高5~8 m，花单生，先叶开放[6]，主要分为食用、仁用以及加工用三种类型。截至2021年末，全区杏栽植面积56万亩，产量2.4万 t，主要栽植地点为彭阳县、同心县以及盐池县麻黄山乡等地，本次盐池县调查的杏种质资源全部为食用杏类。

盐池县青山乡营盘台村吴银东果园 1 号杏

资源编号：2-1。

地理和立地条件：盐池县中部地区，灰钙土，滴灌灌溉。

形态特征和生物学特征：树龄32年，树势中庸，树姿半开张，成枝力中等，叶片近圆形，叶缘细锯齿状，3月中旬萌芽，4月上旬进入盛花期，果实7月上旬成熟，丰产性一般。

果实特性：平均单果重45.3 g，果实近圆形，平均横径、纵径分别为4.38 cm和4.2 cm，果皮、果肉橙黄色，离核，苦仁，味甜微酸，品质中等。

叶 片

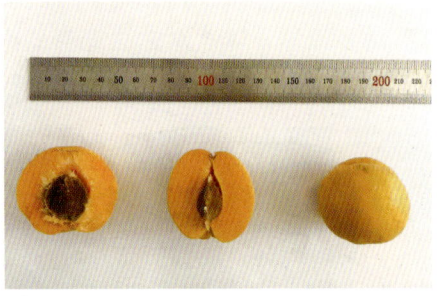

果 实

树 体

萌芽期（3月13日摄）

初花期（3月28日摄）

盛花期（4月5日摄）

展叶期（4月17日摄）

坐果期（4月27日摄）

膨大期（5月15日摄）

横　径

纵　径

成熟期（7月1日摄）

盐池县青山乡方山村吴生成果园1号杏

资源编号：2-2。

地理和立地条件：盐池县中部地区，灰钙土，漫灌灌溉。

形态特征和生物学特征：树龄13年，树势中庸，树姿开张，成枝力强，叶片近圆形，叶缘细锯齿状，3月下旬萌芽，4月上旬进入盛花期，果实7月上旬成熟，丰产性一般。

果实特性：平均单果重62 g，果实近圆形，平均横径、纵径分别为4.76 cm和4.48 cm，果实底色橙黄色，阳面呈片状浓红色，缝合线不明显，果肉黄色，黏核，甜仁，味酸甜，品质中等。

树　体　　　　叶　片　　　　果　实

萌芽期（3月22日摄）

初花期（3月28日摄）

盛花期（4月5日摄）

展叶期（4月11日摄）

坐果期（5月3日摄）

膨大期（5月30日摄）

横　径

纵　径

成熟期（7月10日摄）

盐池县青山乡方山村吴生成果园 2 号杏

资源编号：2-3。

地理和立地条件：盐池县中部地区，灰钙土，漫灌灌溉。

形态特征和生物学特征：树龄11年，树势强健，树姿开张，成枝力强，叶片近圆形，叶缘细锯齿状，3月下旬萌芽，4月上旬进入盛花期，果实7月上旬成熟，丰产性好。

果实特性：平均单果重29.22 g，果实近圆形，平均横径、纵径分别为3.81 cm 和 3.84 cm，果皮、果肉黄色，缝合线不明显，离核，甜仁，有香气，味甜，品质中等。

叶 片

果 实

树 体

萌芽期(3月27日摄)

盛花期(4月3日摄)

展叶期(4月9日摄)

坐果期(4月16日摄)

膨大期(5月8日摄)

横　径

纵　径

成熟期(7月2日摄)

盐池县王乐井乡牛记圈村田德果园1号杏

资源编号：2-4。

地理和立地条件：盐池县北部地区，风沙土，漫灌灌溉。

形态特征和生物学特征：树龄38年，树势中庸，树姿较开张，成枝力弱，叶片近圆形，叶缘细锯齿状，3月下旬萌芽，4月上旬进入盛花期，果实7月中旬成熟，丰产性差。

果实特性：平均单果重22.7 g，果实近圆形，平均横径、纵径分别为3.81 cm和3.58 cm，果皮金黄色，果肉黄色，肉质细软，汁液多，味酸甜，离核，苦仁，品质中等。

叶 片

果 实

树 体

萌芽期（3月22日摄）

盛花期（4月8日摄）

展叶期（4月19日摄）

坐果期（4月26日摄）

膨大期（6月11日摄）

横　径

纵　径

成熟期（7月15日摄）

盐池县王乐井乡牛记圈村田德果园 2 号杏

资源编号：2-5。

地理和立地条件：盐池县北部地区，风沙土，漫灌灌溉。

形态特征和生物学特征：树龄25年，树势中庸，树姿较开张，成枝力中等，叶片近圆形，叶缘细锯齿状，4月上旬萌芽，4月中旬进入盛花期，果实7月上旬成熟，丰产性一般。

果实特性：平均单果重18.25 g，果实长圆形或卵圆形，平均横径、纵径分别为2.98 cm 和3.49 cm，果实底色金黄色，红晕由基部至顶部逐渐变淡，缝合线中等，果肉黄色，肉质细软，汁液多，酸甜适口，离核，苦仁，品质中等。

叶　片　　　　　　　　果　实

树　体

萌芽期（4月3日摄）

盛花期（4月10日摄）

展叶期（4月16日摄）

坐果期（4月23日摄）

膨大期（5月14日摄）

横　径

纵　径

成熟期（7月9日摄）

盐池县王乐井乡牛记圈村田德果园 3 号杏

资源编号：2-6。

地理和立地条件：盐池县北部地区，风沙土，漫灌灌溉。

形态特征和生物学特征：树龄13年，树势中庸，树姿开张，成枝力中等，叶片近圆形，4月上旬萌芽，4月上旬进入盛花期，果实7月中旬成熟，丰产性一般。

果实特性：平均单果重18.7 g，果实近圆形，平均横径、纵径分别为3.29 cm和3.47 cm，果实底色金黄色，阳面有红晕，缝合线不明显，果肉黄色，味甜，离核，甜仁，品质中等。

叶 片

果 实

树 体

萌芽期（4月3日摄）

盛花期（4月10日摄）

展叶期（4月16日摄）

坐果期（4月23日摄）

膨大期（6月3日摄）

横　径

纵　径

成熟期（7月15日摄）

盐池县王乐井乡牛记圈村田德果园 4 号杏

资源编号：2-7。

地理和立地条件：盐池县北部地区，风沙土，漫灌灌溉。

形态特征和生物学特征：树龄20年，树势中庸，树姿半开张，成枝力弱，叶片近圆形，4月上旬萌芽，4月上旬进入盛花期，果实7月中旬成熟，丰产性一般。

果实特性：平均单果重22.27 g，果实近圆形，平均横径、纵径分别为3.24 cm和3.39 cm，果皮光亮、底色金黄色，阳面有红晕，缝合线不明显，果肉金黄色，肉质细软，汁液多，味甜，离核，苦仁，品质中等。

叶 片

果 实

树 体

萌芽期（4月3日摄）

盛花期（4月10日摄）

展叶期（4月16日摄）

坐果期（4月23日摄）

膨大期（6月3日摄）

横　径

纵　径

成熟期（7月15日摄）

盐池县王乐井乡孙家楼村孙荣旺果园 1 号杏

资源编号：2-8。

地理和立地条件：盐池县北部地区，风沙土，漫灌灌溉。

形态特征和生物学特征：树龄8年，树势中庸，树姿半开张，成枝力中等，叶片近圆形，3月下旬萌芽，4月上旬进入盛花期，果实7月上旬成熟，丰产性差。

果实特性：平均单果重58.4 g，果实近圆形，平均横径、纵径分别为4.78 cm和4.85 cm，果实金黄色，阳面有红晕，果肉橙黄色，汁液多，有香气，离核，苦仁，品质中等。

叶 片

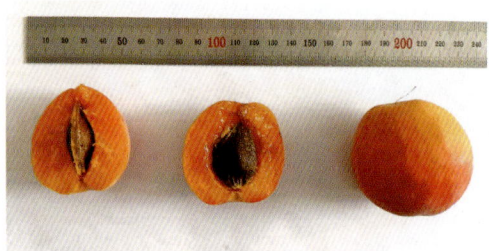

果 实

树 体

萌芽期（3月28日摄）

盛花期（4月2日摄）

展叶期（4月16日摄）

坐果期（4月23日摄）

膨大期（6月11日摄）

横　径

纵　径

成熟期（7月5日摄）

盐池县王乐井乡石山子村周锭果园1号杏

资源编号：2-9。

地理和立地条件：盐池县中部地区，风沙土，漫灌灌溉。

形态特征和生物学特征：树龄7年，树势强健，树姿开张，成枝力强，叶片近圆形，3月下旬萌芽，4月上旬进入盛花期，果实6月下旬成熟，丰产性好。

果实特性：平均单果重37.04 g，果实近圆形，平均横径、纵径分别为4.4 cm和4.6 cm，果皮光亮、底色近橙色，果肉橙黄色，肉质细软，汁液多，香气浓郁，酸甜适口，离核，甜仁，品质上等。

叶 片　　　　　　果 实

树 体

萌芽期(3月26日摄)

盛花期(4月3日摄)

展叶期(4月9日摄)

坐果期(4月16日摄)

膨大期(5月15日摄)

横　径

纵　径

成熟期(6月23日摄)

盐池县王乐井乡石山子村周锭果园 2 号杏

资源编号：2-10。

地理和立地条件：盐池县中部地区，风沙土，漫灌灌溉。

形态特征和生物学特征：树龄7年，树势强健，树姿半开张，成枝力中等，叶片近圆形，3月下旬萌芽，4月上旬进入盛花期，果实6月下旬成熟，丰产性一般。

果实特性：平均单果重51.77 g，果实近圆形，平均横径、纵径分别为5.43 cm和5.2 cm，果实黄色，阳面有红晕，果肉橙黄色，汁液多，有香气，酸甜适口，离核，甜仁，品质中等。

树 体

叶 片

果 实

萌芽期（3月26日摄）

盛花期（4月3日摄）

展叶期、坐果期（4月16日摄）

膨大期（5月14日摄）

横　径

纵　径

成熟期（6月23日摄）

盐池县大水坑镇大水坑村牛秀果园1号杏

资源编号：2-11。

地理和立地条件：盐池县中部地区，黑垆土，漫灌灌溉。

形态特征和生物学特征：树龄12年，树势中庸，树姿半开张，成枝力弱，叶片近圆形、较小，3月下旬萌芽，4月上旬进入盛花期，果实7月中旬成熟，丰产性一般。

果实特性：平均单果重26.7 g，果实近圆形，平均横径、纵径分别为3.71 cm和3.63 cm，果实金黄色，阳面有红晕，果肉橙黄色，汁液多，味酸甜，离核，苦仁，品质中等。

树 体

叶 片

果 实

萌芽期（3月23日摄）

盛花期（4月10日摄）

展叶期（4月17日摄）

坐果期（4月27日摄）

膨大期（6月25日摄）

横　径

纵　径

成熟期（7月20日摄）

盐池县冯记沟乡雨强村张明果园1号杏

资源编号：2-12。

地理和立地条件：盐池县中部地区，黑垆土，滴灌灌溉。

形态特征和生物学特征：树龄10年，树势中庸，树姿半开张，成枝力中等，叶片近圆形，叶缘细锯齿状，3月下旬萌芽，4月上旬进入盛花期，果实7月中旬成熟，丰产性差。

果实特性：平均单果重24.98 g，果实近圆形，平均横径、纵径分别为3.6 cm和3.53 cm，果皮、果肉橙黄色，阳面红晕不明显，肉质细软，味酸甜，离核，甜仁，品质中等。

树　体　　　　　　叶　片　　　　　果　实

萌芽期（3月26日摄）

盛花期（4月2日摄）

展叶期（4月17日摄）

坐果期（5月4日摄）

膨大期（5月15日摄）

横　径

纵　径

成熟期（7月14日摄）

盐池县冯记沟乡雨强村张明果园 2 号杏

资源编号：2-13。

地理和立地条件：盐池县中部地区，黑垆土，滴灌灌溉。

形态特征和生物学特征：树龄10年，树势中庸，树姿较开张，成枝力中等，叶片近圆形，3月下旬萌芽，4月上旬进入盛花期，果实7月上旬成熟，丰产性差。

果实特性：平均单果重22.4 g，果实近圆形，平均横径、纵径分别为3.46 cm和3.36 cm，果皮、果肉橙黄色，阳面红晕不明显，肉质细软，味酸甜，离核，甜仁，品质中等。

叶 片

果 实

树 体

萌芽期（3月22日摄）

盛花期（4月1日摄）

展叶期（4月11日摄）

坐果期（4月30日摄）

横　径

纵　径

成熟期（7月10日摄）

盐池县冯记沟乡雨强村张明果园3号杏

资源编号：2-14。

地理和立地条件：盐池县中部地区，黑垆土，滴灌灌溉。

形态特征和生物学特征：树龄14年，树势强健，树姿开张，成枝力强，叶片长圆形或卵圆形，3月下旬萌芽，4月中旬进入盛花期，果实7月上旬成熟，丰产性差。

果实特性：平均单果重42.6 g，果实近圆形，平均横径、纵径分别为4.46 cm和4.52 cm，果皮、果肉橙黄色，肉质细软，汁液多，酸甜适口，离核，甜仁，品质上等。

树 体

叶 片

果 实

萌芽期(3月27日摄)

盛花期(4月11日摄)

展叶期(4月17日摄)

坐果期(5月4日摄)

膨大期(6月24日摄)

横　径

纵　径

成熟期(7月10日摄)

盐池县冯记沟乡雨强村崔文亮果园 1 号杏

资源编号：2-15。

地理和立地条件：盐池县中部地区，黑垆土，漫灌灌溉。

形态特征和生物学特征：树龄10年，树势中庸，树姿直立，成枝力中等，叶片近圆形，3月下旬萌芽，4月上旬进入盛花期，果实7月上旬成熟，丰产性一般。

果实特性：平均单果重83.1 g，果实近圆形，平均横径、纵径分别为5.28 cm 和 5.08 cm，果皮、果肉橙黄色，阳面有不规则红晕，肉质紧实，汁液多，酸味略大，黏核，苦仁，品质中等。

树　体

叶　片

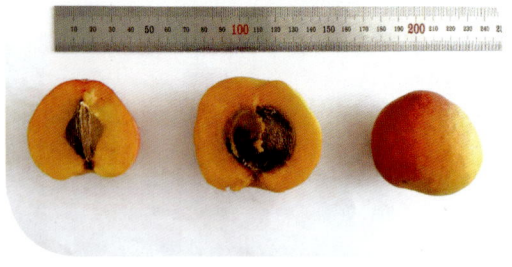

果　实

萌芽期（3月26日摄）

盛花期（4月2日摄）

展叶期（4月17日摄）

坐果期（4月28日摄）

膨大期（5月15日摄）

横　径

纵　径

成熟期（7月1日摄）

盐池县冯记沟乡雨强村崔文亮果园 2 号杏

资源编号：2-16。

地理和立地条件：盐池县中部地区，黑垆土，漫灌灌溉。

形态特征和生物学特征：树龄16年，树势中庸，树姿开张，成枝力中等，叶片近圆形，3月下旬萌芽，4月上旬进入盛花期，果实7月上旬成熟，丰产性差。

果实特性：平均单果重38.3 g，果实近圆形，平均横径、纵径分别为4.05 cm 和 4.14 cm，果实橙黄色，阳面有不规则红晕，果肉淡黄色，肉质细软，汁液多，酸甜适口，离核，甜仁，品质中等。

叶 片　　　　　果 实

树 体

萌芽期(3月26日摄)

盛花期(4月1日摄)

展叶期(4月11日摄)

坐果期(4月28日摄)

膨大期(5月15日摄)

横　径

纵　径

成熟期(7月1日摄)

盐池县高沙窝镇营西村蔡风知果园1号杏

资源编号：2-17。

地理和立地条件：盐池县北部地区，风沙土，无灌溉条件。

形态特征和生物学特征：树龄15年，树势中庸，树姿较开张，成枝力弱，叶片近圆形，3月下旬萌芽后进入盛花期，果实7月上旬成熟，丰产性差。

果实特性：平均单果重31.27 g，果实近圆形，平均横径、纵径分别为3.99 cm和3.88 cm，果实底色黄绿色，果面金黄色，阳面有不规则红晕，果肉淡黄色，肉质细软，汁液多，味酸甜，离核，甜仁，品质中等。

叶 片

果 实

树 体

萌芽期（3月25日摄）

盛花期（3月31日摄）

展叶期（4月26日摄）

坐果期（5月3日摄）

膨大期（5月15日摄）

横　径

纵　径

成熟期（7月1日摄）

盐池县麻黄山乡沙崾岘村余生祥果园1号杏

资源编号：2-18。

地理和立地条件：盐池县南部地区，黑垆土，漫灌灌溉。

形态特征和生物学特征：树龄13年，树势中庸，树姿较开张，成枝力中等，叶片近圆形，3月下旬萌芽，4月中旬进入盛花期，果实7月上旬成熟，丰产性差。

果实特性：平均单果重16.8 g，果实近圆形，平均横径、纵径分别为3.2 cm和3.28 cm，果皮、果肉橙黄色，汁液多，味酸甜，离核，苦仁，品质中等。

树 体

叶 片

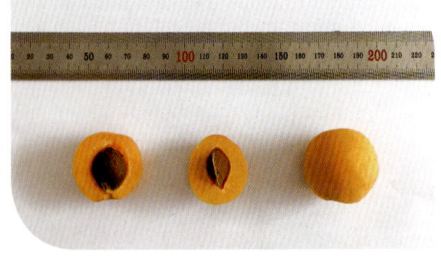

果 实

萌芽期（3月27日摄）

盛花期（4月17日摄）

展叶期（4月27日摄）

坐果期（5月4日摄）

膨大期（5月15日摄）

横　径

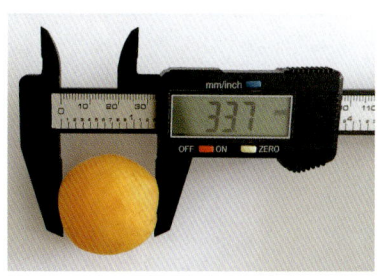
纵　径

成熟期（7月10日摄）

盐池县麻黄山乡沙崾岘村余生祥果园 2 号杏

资源编号：2-19。

地理和立地条件：盐池县南部地区，黑垆土，漫灌灌溉。

形态特征和生物学特征：树龄6年，树势中庸，树姿开张，成枝力强，叶片近圆形，3月中旬萌芽，4月上旬进入盛花期，果实7月中旬成熟，丰产性一般。

果实特性：平均单果重27.3 g，果实近圆形，平均横径、纵径分别为4.73 cm和4.39 cm，果实底色黄色，顶部红晕较少，果肉橙黄色，肉质细软，汁液多，味酸甜，离核，甜仁，品质中等。

树　体

叶　片

果　实

萌芽期（3月18日摄）

盛花期（4月10日摄）

展叶期（4月17日摄）

坐果期（5月4日摄）

膨大期（5月26日摄）

横　径

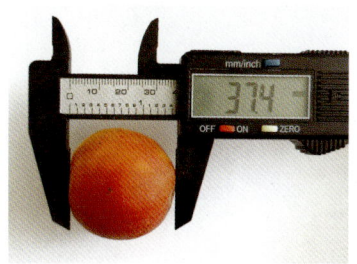

纵　径

成熟期（7月15日摄）

盐池县麻黄山乡沙崾岘村余生祥果园 3 号杏

资源编号：2-20。

地理和立地条件：盐池县南部地区，黑垆土，无灌溉条件。

形态特征和生物学特征：树龄超过百年，树势和成枝力较弱，叶片近圆形，3月下旬萌芽，4月上旬进入盛花期，果实6月下旬成熟，丰产性差。

果实特性：平均单果重11.23 g，果实近圆形，平均横径、纵径分别为2.46 cm和2.6 cm，果皮、果肉淡黄色，肉质细软，味微甜，离核，苦仁，品质中等。

叶　片

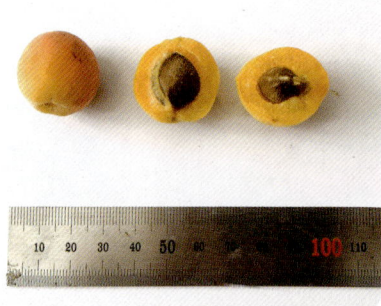
果　实

树　体

萌芽期（3月27日摄）　　　　　盛花期（4月9日摄）

展叶期（4月23日摄）　　　　　坐果期（4月30日摄）

横　径

纵　径

成熟期（6月25日摄）

盐池县麻黄山乡何新庄村贺玉生果园1号杏

资源编号：2-21。

地理和立地条件：盐池县南部地区，黑垆土，漫灌灌溉。

形态特征和生物学特征：树龄7年，树势强健，树姿较开张，成枝力中等，叶片近圆形，4月上旬萌芽，4月中旬进入盛花期，果实7月中旬成熟，丰产性好。

果实特性：平均单果重23.1 g，果实近圆形，平均横径、纵径分别为3.57 cm和3.42 cm，果实底色黄绿色，红晕明显，果肉黄绿色，肉质细软，味酸甜，离核，甜仁，果核较大，品质上等。

树 体　　　叶 片　　　果 实

萌芽期（4月2日摄）　　盛花期（4月17日摄）　　展叶期（5月4日摄）

坐果期（5月15日摄）　　膨大期（6月16日摄）

横　径

纵　径

成熟期（7月14日摄）

盐池县麻黄山乡何新庄村贺玉生果园 2 号杏

资源编号：2-22。

地理和立地条件：盐池县南部地区，黑垆土，漫灌灌溉。

形态特征和生物学特征：树龄7年，树势强健，树姿开张，成枝力强，叶片近圆形，4月上旬萌芽，4月中旬进入盛花期，果实7月中旬成熟，丰产性好。

果实特性：平均单果重35.4 g，果实近圆形，平均横径、纵径分别为4.04 cm 和 4.27 cm，果实底色黄绿色，阳面有不规则红晕，果肉橙黄色，肉质紧实，汁液多，味酸甜，离核，甜仁，品质上等。

叶　片

果　实

树　体

萌芽期（4月2日摄）

盛花期（4月17日摄）

展叶期（4月27日摄）

坐果期（5月4日摄）

膨大期（5月26日摄）

横　径

纵　径

成熟期（7月14日摄）

盐池县麻黄山乡何新庄村贺玉生果园 3 号杏

资源编号：2-23。

地理和立地条件：盐池县南部地区，黑垆土，漫灌灌溉。

形态特征和生物学特征：树龄7年，树势强健，树姿较直立，成枝力强，叶片近圆形，4月上旬萌芽，4月中旬进入盛花期，果实7月中旬成熟，丰产性一般。

果实特性：平均单果重19.5 g，果实近圆形，平均横径、纵径分别为3.36 cm 和3.33 cm，果皮、果肉橙黄色，肉质细软，汁液多，酸味略大，离核，甜仁，果核较大，品质中等。

叶　片

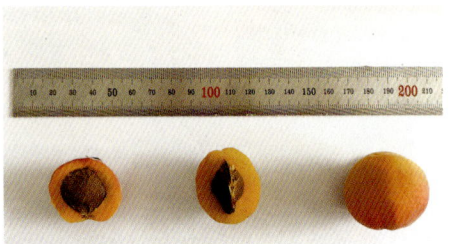

果　实

树　体

萌芽期（4月2日摄）

盛花期（4月17日摄）

展叶期（4月27日摄）

坐果期（5月4日摄）

膨大期（5月15日摄）

横　径

纵　径

成熟期（7月14日摄）

盐池县麻黄山乡何新庄村贺玉生果园 4 号杏

资源编号：2-24。

地理和立地条件：盐池县南部地区，黑垆土，漫灌灌溉。

形态特征和生物学特征：树龄7年，树势强健，树姿半开张，成枝力强，叶片近圆形，4月上旬萌芽，4月中旬进入盛花期，果实7月上旬成熟，丰产性一般。

果实特性：平均单果重31.4 g，果实近圆形，平均横径、纵径分别为3.94 cm和3.54 cm，果皮、果肉橙黄色，无明显红晕，肉质细软，汁液多，味酸甜，离核，甜仁，品质中等。

树 体

叶 片

果 实

萌芽期（4月2日摄）

盛花期（4月17日摄）

展叶期（4月27日摄）

坐果期（5月4日摄）

膨大期（5月26日摄）

横 径

纵 径

成熟期（7月1日摄）

盐池县惠安堡镇大坝村郑恩荣果园1号杏

资源编号：2-25。

地理和立地条件：盐池县南部地区，黑垆土，滴灌灌溉。

形态特征和生物学特征：树龄25年，树势中庸，树姿半开张，成枝力中等，叶片近圆形，叶缘圆锯齿状，3月中旬萌芽，3月下旬进入盛花期，果实7月上旬成熟，丰产性好。

果实特性：平均单果重58.6 g，果实近圆形，平均横径、纵径分别为4.74 cm和4.63 cm，果皮、果肉橙黄色，无明显红晕，肉质细软，汁液多，味酸甜，有香气，离核，甜仁，品质上等。

叶　片

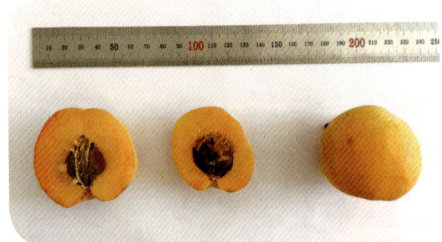

果　实

树　体

萌芽期（3月18日摄）

盛花期（3月30日摄）

展叶期（4月17日摄）

坐果期（4月27日摄）

膨大期（6月14日摄）

横　径

纵　径

成熟期（7月4日摄）

盐池县青山乡青山村杨勇果园1号杏

资源编号：2-26。

地理和立地条件：盐池县中部地区，灰钙土，漫灌灌溉。

形态特征和生物学特征：树龄超过百年，树势中庸，树姿开张，成枝力较弱，叶片近圆形，叶缘细尖锯齿状，3月下旬萌芽，4月上旬进入盛花期，果实6月下旬成熟，丰产性差。

果实特性：平均单果重10.03 g，果实近圆形，平均横径、纵径分别为2.47 cm和2.44 cm，果皮、果肉淡黄色，肉质细软，离核，苦仁，品质中等。

叶　片

果　实

树　体

萌芽期（3月27日摄）

盛花期（4月4日摄）

展叶期（4月16日摄）

坐果期（4月30日摄）

膨大期（5月28日摄）

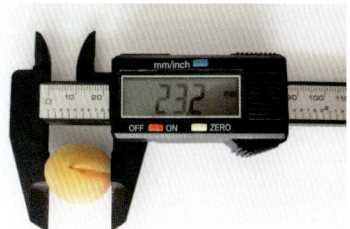
横　径

纵　径

成熟期（6月25日摄）

桃

***Amygdalus persica* L.**

桃属蔷薇科（Rosaceae）桃属（*Amygdalus*）落叶乔木，中国是桃的原产国，桃树是最古老的栽培果树之一，喜光，不耐阴，适应性较强，树冠宽广而平展，花单生，先叶开放，果实卵形、宽椭圆形或扁圆形。2020年末，我国桃栽植面积约为1 170万亩，产量约为1 500万 t，山东、河北、河南为我国桃主要栽植省份，三省栽植面积约占全国栽植总面积的40%[7]。截至2021年末，全区桃栽植面积2.05万亩，产量2.07万 t，主要栽植地点为永宁县、利通区、中宁县等地。

盐池县青山乡方山村吴生成果园1号桃

资源编号:3-1。

地理和立地条件:盐池县中部地区,灰钙土,漫灌灌溉。

形态特征和生物学特征:树龄14年,树势强健,树姿直立,易生副梢,中短枝结果好,叶片长圆状披针形,4月上旬萌芽,4月中旬进入盛花期,果实9月中旬成熟,丰产性一般。

果实特性:平均单果重81.46 g,果实长圆形,果顶略突出,缝合线浅,平均横径、纵径分别为5.42 cm和6.39 cm,果实淡绿色,阳面有红晕,果肉乳白色,肉质细脆,味甜,离核,品质中等。

叶 片　　　　　果 实

树 体

萌芽期（4月9日摄）

盛花期（4月16日摄）

坐果期（5月8日摄）

膨大期（6月25日摄）

横　径

纵　径

成熟期（9月12日摄）

盐池县花马池镇佟记圈村佟建宏果园1号桃

资源编号：3-2。

地理和立地条件：盐池县北部地区，风沙土，滴灌灌溉。

形态特征和生物学特征：树龄12年，树势强健，树姿开张，成枝力中等，叶片长披针形，4月中旬萌芽，5月上旬进入盛花期，果实7月中旬成熟，丰产性中等。

果实特性：平均单果重90.8 g，果实近圆形，缝合线不明显，平均横径、纵径分别为5.22 cm和4.98 cm，果实淡黄色，有红晕，果肉乳白色，肉质细软，味甜，离核，品质中等。

叶 片　　　　　果 实

树 体

萌芽期（4月11日摄）

盛花期（5月3日摄）

坐果期（5月30日摄）

膨大期（6月26日摄）

横　径

纵　径

成熟期（7月20日摄）

盐池县王乐井乡石山子村周锭果园1号桃

资源编号：3-3。

地理和立地条件：盐池县中部地区，风沙土，漫灌灌溉。

形态特征和生物学特征：树龄8年，树势强健，树姿开张，成枝力中等，叶片椭圆状披针形，4月中旬萌芽，5月上旬进入盛花期，果实7月下旬成熟，丰产性好。

果实特性：平均单果重93.24 g，果实近圆形，缝合线不明显，果顶平，平均横径、纵径分别为5.58 cm和5.44 cm，果实淡黄色，有红晕，果肉淡黄色，味香甜，品质上等。

 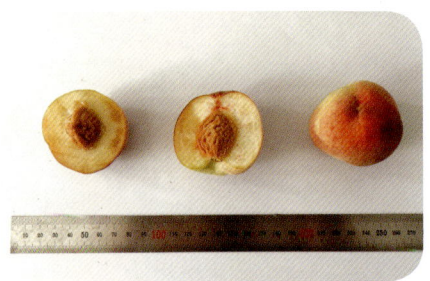

叶 片　　　　　　　　果 实

树 体

萌芽期（4月11日摄）

盛花期、展叶期（5月3日摄）

坐果期（5月15日摄）

膨大期（6月11日摄）

横　径

纵　径

成熟期（7月31日摄）

盐池县王乐井乡石山子村周锭果园 2 号桃

资源编号：3-4。

地理和立地条件：盐池县中部地区，风沙土，漫灌灌溉。

形态特征和生物学特征：树龄13年，树势中庸，树姿较开张，成枝力弱，叶片长披针形，4月上旬萌芽，4月下旬进入盛花期，果实8月中旬成熟，丰产性一般。

果实特性：平均单果重187.46 g，果实圆形，果型较大，缝合线不明显，果顶平，平均横径、纵径分别为7.4 cm和6.99 cm，果面浅黄绿色，红晕不明显，果肉乳白色，肉质紧脆，汁液少，味甘甜，离核，品质上等。

叶 片　　　　　　　　　　果 实

树 体

萌芽期（4月9日摄）

盛花期、展叶期（4月23日摄）

坐果期（5月21日摄）

膨大期（7月2日摄）

横 径

纵 径

成熟期（8月15日摄）

盐池县王乐井乡石山子村周锭果园3号桃

资源编号：3-5。

地理和立地条件：盐池县中部地区，风沙土，漫灌灌溉。

形态特征和生物学特征：树龄11年，树势中庸，树姿较开张，成枝力中等，叶片长披针形，4月中旬萌芽，4月中旬进入盛花期，果实8月中旬成熟，丰产性一般。

果实特性：平均单果重144.44 g，果实近圆形，果型较大，缝合线浅，果顶突出，平均横径、纵径分别为6.56 cm和7.12 cm，果面黄绿色，红晕较浅，果肉深黄绿色，靠近果核部分红色，肉质细软，酸甜适口，黏核，品质上等。

树　体

叶　片

果　实

萌芽期（4月11日摄）

盛花期、展叶期（4月16日摄）

坐果期（5月14日摄）

膨大期（7月2日摄）

横　径

纵　径

成熟期（8月15日摄）

盐池县大水坑镇大水坑村牛秀果园 1 号桃

资源编号：3-6。

地理和立地条件：盐池县中部地区，黑垆土，漫灌灌溉。

形态特征和生物学特征：树龄6年，树势中庸，树姿较开张，成枝力弱，叶片长椭圆状披针形，4月上旬萌芽，4月下旬进入盛花期，果实7月上旬成熟，丰产性差。

果实特性：平均单果重92.8 g，果实扁平，果顶凹入，缝合线不明显，平均横径、纵径分别为7.79 cm 和3.89 cm，果面淡黄绿色，阳面有红晕，果肉黄白色，肉质细软，汁液多，甜味浓，黏核，品质上等。

叶　片

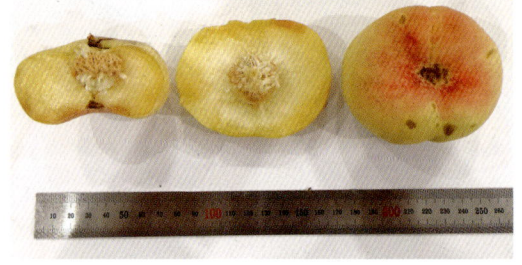

果　实

树　体

萌芽期（4月10日摄）

盛花期、展叶期（4月27日摄）

坐果期（5月14日摄）

膨大期（6月25日摄）

横　径

纵　径

成熟期（7月10日摄）

盐池县冯记沟乡雨强村张明果园 1 号桃

资源编号：3-7。

地理和立地条件：盐池县中部地区，黑垆土，滴灌灌溉。

形态特征和生物学特征：树龄7年，树势强健，树姿开张，成枝力中等，叶片长披针形，4月中旬萌芽，4月下旬进入盛花期，果实7月上旬成熟，丰产性一般。

果实特性：平均单果重123.4 g，果实扁平，果顶凹入，平均横径、纵径分别为8.14 cm和4.24 cm，果面淡黄绿色，阳面有红晕，果肉黄白色，肉质细密，汁液中等，味甜，黏核，品质上等。

叶 片

果 实

树 体

萌芽期（4月11日摄）

盛花期、展叶期（4月28日摄）

坐果期（5月15日摄）

膨大期（6月2日摄）

横　径

纵　径

成熟期（7月1日摄）

盐池县冯记沟乡雨强村崔文亮果园 1 号桃

资源编号：3-8。

地理和立地条件：盐池县中部地区，黑垆土，漫灌灌溉。

形态特征和生物学特征：树龄15年，树势强健，树姿较开张，成枝力中等，叶片长披针形，4月中旬萌芽，4月下旬进入盛花期，果实9月中旬成熟，丰产性一般。

果实特性：平均单果重205.2 g，果实圆形，果顶微凸，缝合线浅，平均横径、纵径分别为7.39 cm和7.74 cm，果面淡黄绿色，阳面有红晕，茸毛稀而短，果肉由外至内黄绿色逐渐变淡，肉质细密、紧脆，汁液中等，味甘甜，黏核，品质上等。

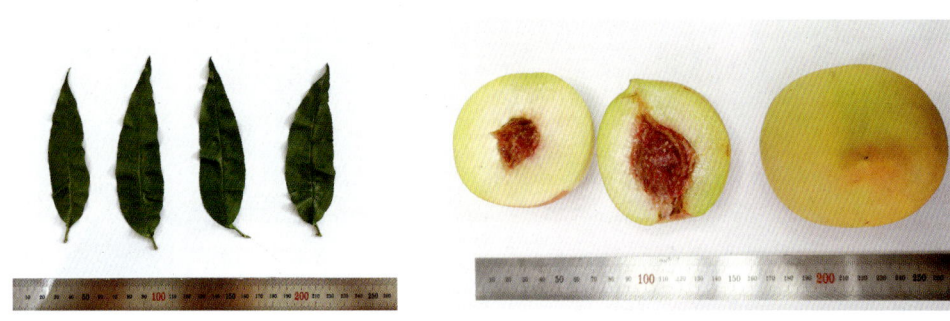

叶 片　　　　　　　　果 实

树 体

萌芽期（4月17日摄）

盛花期、展叶期（4月28日摄）

坐果期（5月15日摄）

膨大期（7月10日摄）

横　径

纵　径

成熟期（9月20日摄）

盐池县冯记沟乡雨强村崔文亮果园 2 号桃

资源编号：3-9。

地理和立地条件：盐池县中部地区，黑垆土，漫灌灌溉。

形态特征和生物学特征：树龄15年，树势中庸，树姿较开张，成枝力弱，叶片长椭圆状披针形，4月中旬萌芽，5月上旬进入盛花期，果实9月中旬成熟，丰产性好。

果实特性：平均单果重158.4 g，果实近圆形，果顶微凸，缝合线明显，平均横径、纵径分别为6.58 cm和7.42 cm，果面、果肉淡黄绿色，阳面有红晕，肉质致密、爽脆，味酸甜，黏核，品质中等。

叶　片

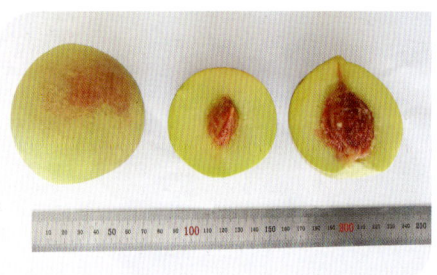

果　实

树　体

萌芽期（4月11日摄）

盛花期、展叶期（5月4日摄）

坐果期（5月15日摄）

膨大期（7月11日摄）

横　径

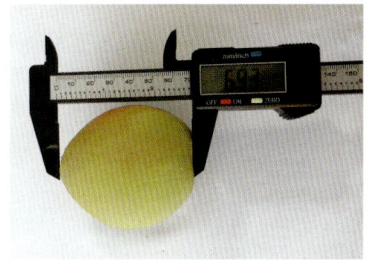
纵　径

成熟期（9月20日摄）

盐池县冯记沟乡雨强村崔文亮果园 3 号桃

资源编号：3-10。

地理和立地条件：盐池县中部地区，黑垆土，漫灌灌溉。

形态特征和生物学特征：树龄9年，树势中庸，树姿开张，成枝力中等，叶片长披针形，4月中旬萌芽，4月下旬进入盛花期，果实9月中旬成熟，丰产性好。

果实特性：平均单果重146.9 g，果实近圆形，果顶微凸，缝合线浅，平均横径、纵径分别为6.41 cm和7.05 cm，果面底色淡黄绿色，阳面有红晕，肉质细软，汁液多，味甜，黏核，品质中等。

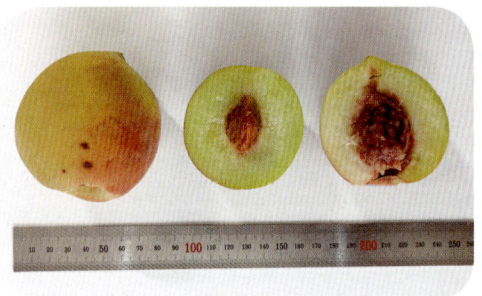

叶　片　　　　　　　　　　　果　实

树　体

萌芽期（4月11日摄）

盛花期、展叶期（4月28日摄）

坐果期（5月15日摄）

膨大期（7月1日摄）

横　径

纵　径

成熟期（9月20日摄）

盐池县高沙窝镇营西村蔡风知果园 1 号桃

资源编号：3-11。

地理和立地条件：盐池县北部地区，风沙土，无灌溉条件。

形态特征和生物学特征：树龄8年，树势中庸，树姿开张，成枝力弱，叶片长披针形，4月上旬萌芽，5月上旬进入盛花期，果实8月下旬成熟，丰产性一般。

果实特性：平均单果重63.7 g，果实长圆形，果顶平或微凸，缝合线浅，平均横径、纵径分别为4.87 cm和5.47 cm，果面底色淡黄绿色，阳面有少量红晕，果肉白色，肉质细软，味甘甜，离核，品质中等。

树 体

叶 片

果 实

萌芽期（4月8日摄）

盛花期、展叶期（5月3日摄）

坐果期（5月15日摄）

膨大期（7月22日摄）

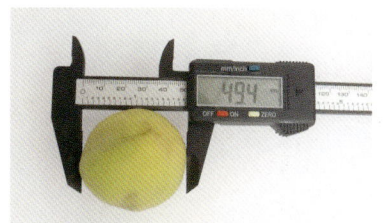

横　径

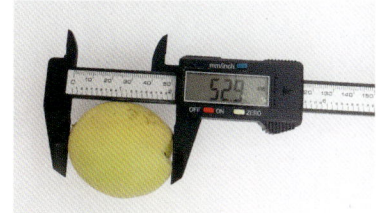

纵　径

成熟期（8月28日摄）

盐池县麻黄山乡沙崾岘村余生祥果园 1 号桃

资源编号：3-12。

地理和立地条件：盐池县南部地区，黑垆土，漫灌灌溉。

形态特征和生物学特征：树龄5年，树势强健，树姿开张，成枝力强，叶片长披针形，4月中旬萌芽，5月上旬进入盛花期，果实8月中旬成熟，丰产性一般。

果实特性：平均单果重115.6 g，果实近圆形，果顶凹入，缝合线不明显，平均横径、纵径分别为5.81 cm和5.38 cm，果面底色淡黄绿色，阳面有红晕，果肉乳白色，肉质细密，汁液多，味甜，离核，品质中等。

叶　片　　　　　　　　　　果　实

树　体

萌芽期（4月17日摄）　　　　　盛花期、展叶期（5月4日摄）

坐果期（5月15日摄）　　　　　膨大期（6月22日摄）

横　径

纵　径　　　　　　　　　　　成熟期（8月12日摄）

盐池县麻黄山乡沙崾岘村余生祥果园 2 号桃

资源编号：3-13。

地理和立地条件：盐池县南部地区，黑垆土，漫灌灌溉。

形态特征和生物学特征：树龄6年，树势强健，树姿开张，成枝力强，叶片长披针形，4月下旬萌芽，5月上旬进入盛花期，果实8月中旬成熟，丰产性好。

果实特性：平均单果重73.1 g，果实长圆形，果顶微凸，缝合线浅，平均横径、纵径分别为5.14 cm 和4.75 cm，果面底色淡黄绿色，果肉白色，肉质致密，汁液中等，味酸甜，黏核，品质中等。

叶 片

果 实

树 体

萌芽期（4月27日摄）

盛花期、展叶期（5月4日摄）

坐果期（5月26日摄）

膨大期（6月26日摄）

横　径

纵　径

成熟期（8月12日摄）

盐池县花马池镇沟沿村魏建忠果园1号桃

资源编号：3-14。

地理和立地条件：盐池县北部地区，风沙土，漫灌灌溉。

形态特征和生物学特征：树龄11年，树势强健，树姿直立，成枝力中等，叶片长披针形，4月中旬萌芽，4月下旬进入盛花期，果实9月上旬成熟，丰产性一般。

果实特性：平均单果重37.3 g，果实长圆形，果顶微凸，缝合线浅，平均横径、纵径分别为4.06 cm和4.46 cm，果面底色淡黄绿色，果肉白色，肉质紧实，味酸甜，汁液中等，离核，品质中等。

树 体

叶 片

果 实

萌芽期（4月11日摄）

盛花期、展叶期（4月26日摄）

坐果期（5月15日摄）

膨大期（6月12日摄）

横 径

纵 径

成熟期（9月8日摄）

盐池县王乐井乡牛记圈村田德果园 1 号桃

资源编号：3-15。

地理和立地条件：盐池县北部地区，风沙土，漫灌灌溉。

形态特征和生物学特征：树龄14年，树势中庸，树姿较开张，成枝力中等，叶片短披针形，4月上旬萌芽，4月中旬进入盛花期，果实8月下旬成熟，丰产性一般。

果实特性：平均单果重40.7 g，果实长圆形，果顶微凸，缝合线浅，平均横径、纵径分别为4.15 cm和4.69 cm，果面底色淡黄绿色，阳面有红晕，果肉白色，肉质致密，汁液中等，味甜，离核，品质中等。

叶　片

果　实

树　体

萌芽期（4月1日摄）

盛花期、展叶期（4月16日摄）

坐果期（6月3日摄）

膨大期（7月9日摄）

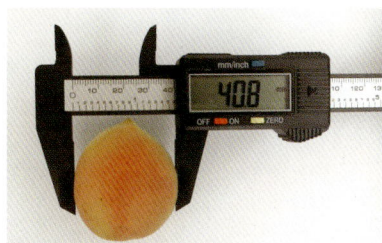
横　径

纵　径

成熟期（8月28日摄）

枣

Ziziphus jujuba Mill.

枣属鼠李科（Rhamnaceae）枣属（*Ziziphus*）落叶乔木或灌木，枣由酸枣演化而来，我国分布范围广，除黑龙江省外，其余各省区均有分布。枣树适应性和抗逆性较强，盛花中后期开花量大，花粉多且萌发率高，有圆形、长圆形、磨盘形、圆柱形等多种形状，根据刘孟军等人[8]研究，目前我国枣品种有900多个。2018年底，我国枣产量约为732万t，新疆枣产量约占全国一半[9]。截至2021年末，全区枣栽植面积55.42万亩，产量7.27万t，主要栽植地点为灵武市、同心县、中宁县和沙坡头区等地。

盐池县青山乡营盘台村吴银东果园 1 号枣

资源编号：4-1。

地理和立地条件：盐池县中部地区，灰钙土，滴灌灌溉。

形态特征和生物学特征：树龄22年，树势中庸，树姿较开张，树冠半圆形，成枝力中等，叶片椭圆形，5月上旬萌芽，6月中旬进入盛花期，果实9月下旬成熟，丰产性一般。

果实特性：平均单果重19.1 g，果实近圆形，平均横径、纵径分别为3.69 cm 和 3.4 cm，果皮薄而脆、朱红色，果肉绿白色，肉质致密，汁液多，甜味浓，品质中等。

树 体

叶 片

果 实

萌芽期（5月3日摄）

盛花期、坐果期（6月20日摄）

膨大期（7月24日摄）

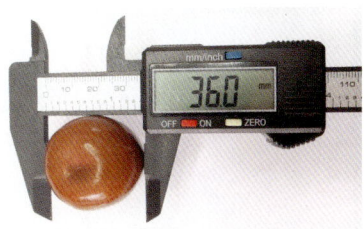

横　径

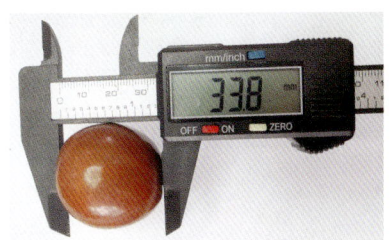

纵　径

成熟期（9月25日摄）

盐池县青山乡营盘台村吴银东果园 2 号枣

资源编号：4-2。

地理和立地条件：盐池县中部地区，灰钙土，滴灌灌溉。

形态特征和生物学特征：树龄12年，树势中庸，树姿较开张，树冠圆形，成枝力中等，叶片椭圆形，5月中旬萌芽，6月下旬进入盛花期，果实9月中旬成熟，丰产性一般。

果实特性：平均单果重13.4 g，果实近圆形，果顶凹入，平均横径、纵径分别为3.34 cm 和3.11 cm，果皮紫红色，果肉绿白色，肉质细脆，汁液多，酸甜适口，品质中等。

树 体

叶 片

果 实

萌芽期（5月15日摄）　　　盛花期、坐果期（6月25日摄）　　　膨大期（8月7日摄）

 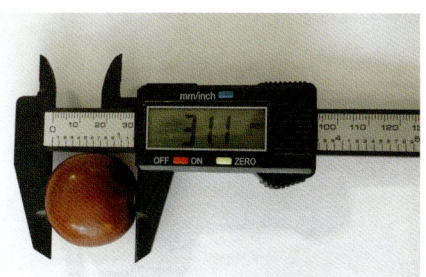

横　径　　　　　　　　　纵　径

成熟期（9月20日摄）

盐池县青山乡营盘台村吴银东果园 3 号枣

资源编号：4-3。

地理和立地条件：盐池县中部地区，灰钙土，滴灌灌溉。

形态特征和生物学特征：树龄22年，树势中庸，树体高大，树姿直立，成枝力中等，叶片椭圆形，5月中旬萌芽，7月中旬进入盛花期，果实9月下旬成熟，丰产性好。

果实特性：平均单果重16.5 g，果实纺锤形，果顶微凸，平均横径、纵径分别为2.98 cm 和4.71 cm，果皮紫红色，果肉白绿色，肉质酥脆，汁液丰富，酸甜适口，宜鲜食，品质上等。

树　体

叶　片

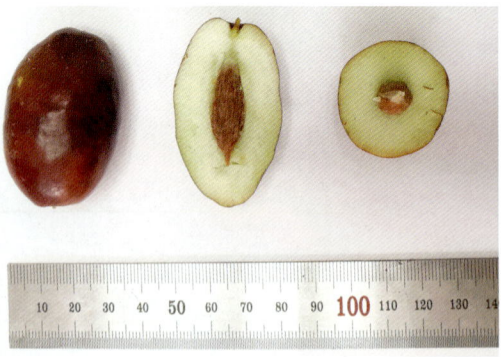

果　实

萌芽期（5月15日摄）

盛花期、坐果期（7月11日摄）

膨大期（7月25日摄）

横　径

纵　径

成熟期（9月25日摄）

盐池县王乐井乡孙家楼村孙荣旺果园1号枣

资源编号：4-4。

地理和立地条件：盐池县北部地区，风沙土，漫灌灌溉。

形态特征和生物学特征：树龄7年，树势中庸，树姿直立，成枝力中等，叶片卵圆形，5月中旬萌芽，6月下旬进入盛花期，果实10月上旬成熟，丰产性一般。

果实特性：平均单果重8.05 g，果实圆柱形，果顶平，平均横径、纵径分别为2.31 cm和2.96 cm，果色赭红色，果肉白绿色，肉质酥脆，汁液中等，味甜，品质中等。

树 体

叶 片

果 实

萌芽期（5月15日摄）　　　　　盛花期（6月24日摄）

坐果期（7月10日摄）　　　　　膨大期（8月13日摄）

横　径

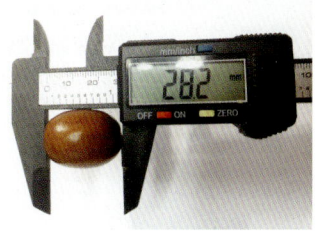

纵　径

成熟期（10月3日摄）

盐池县大水坑镇大水坑村牛秀果园1号枣

资源编号：4-5。

地理和立地条件：盐池县中部地区，黑垆土，漫灌灌溉。

形态特征和生物学特征：树龄7年，树势中庸，树姿直立，成枝力中等，叶片卵圆形，4月下旬萌芽，6月下旬进入盛花期，果实9月中旬成熟，丰产性一般。

果实特性：平均单果重10.3 g，果实短圆柱形，果顶平或微凹，平均横径、纵径分别为2.74 cm和3.19 cm，果色赭红色，果肉白绿色，肉质酥脆，汁液少，味甜，品质中等。

树 体

叶 片

果 实

萌芽期(4月30日摄)

盛花期(6月25日摄)

坐果期(7月10日摄)

膨大期(8月7日摄)

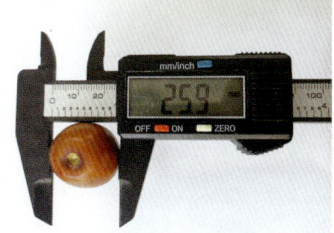

横 径

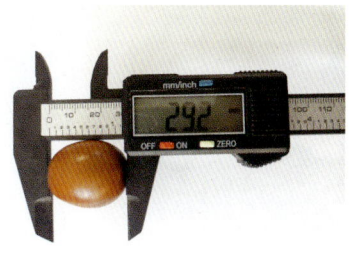

纵 径

成熟期(9月20日摄)

盐池县冯记沟乡雨强村崔文亮果园1号枣

资源编号：4-6。

地理和立地条件：盐池县中部地区，黑垆土，漫灌灌溉。

形态特征和生物学特征：树龄10年，树势中庸，树姿直立，成枝力强，叶片椭圆形，5月中旬萌芽，6月下旬进入盛花期，果实10月上旬成熟，丰产性一般。

果实特性：平均单果重18.47 g，果实纺锤形，果顶微凸，平均横径、纵径分别为3.08 cm和4.44 cm，果皮紫红色，果肉白绿色，肉质酥脆，汁液丰富，酸甜适口，宜鲜食，品质上等。

叶 片

果 实

树 体

萌芽期（5月15日摄）

盛花期（6月24日摄）

坐果期（7月10日摄）

膨大期（8月7日摄）

横　径

纵　径

成熟期（10月5日摄）

盐池县冯记沟乡雨强村崔文亮果园 2 号枣

资源编号：4-7。

地理和立地条件：盐池县中部地区，黑垆土，漫灌灌溉。

形态特征和生物学特征：树龄6年，树势强健，树姿直立，成枝力强，叶片卵圆形，5月中旬萌芽，6月下旬进入盛花期，果实10月上旬成熟，丰产性好。

果实特性：平均单果重10.45 g，果实纺锤形，果顶平，平均横径、纵径分别为2.56 cm和3.63 cm，果皮深红色，果肉白绿色，肉质致密、较脆，汁液较多，味甜，宜鲜食，品质上等。

树 体

叶 片

果 实

萌芽期（5月15日摄）　　　盛花期、坐果期（6月21日摄）　　　膨大期（8月7日摄）

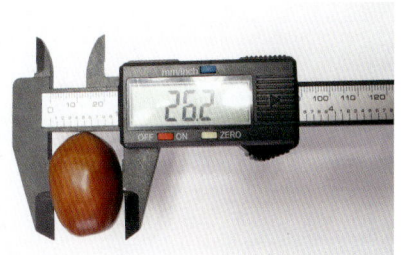 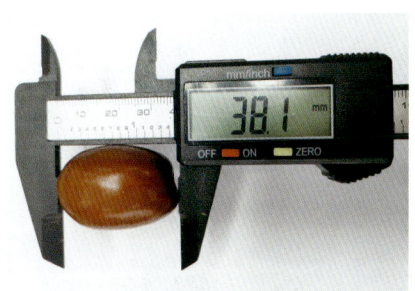

横　径　　　　　　　　　　纵　径

成熟期（10月5日摄）

盐池县高沙窝镇营西村蔡风知果园1号枣

资源编号：4-8。

地理和立地条件：盐池县北部地区，风沙土，无灌溉条件。

形态特征和生物学特征：树龄7年，树势强健，树姿直立，成枝力中等，叶片椭圆形，5月中旬萌芽，6月下旬进入盛花期，果实10月上旬成熟，丰产性好。

果实特性：平均单果重9.39 g，果实纺锤形，果顶微凸，平均横径、纵径分别为2.5 cm和3.6 cm，果皮紫红色，果肉白绿色，肉质酥脆，汁液丰富，酸甜适口，宜鲜食，品质上等。

树　体

叶　片

果　实

萌芽期（5月15日摄）

盛花期（6月23日摄）

坐果期（7月10日摄）

膨大期（7月22日摄）

横　径

纵　径

成熟期（10月3日摄）

盐池县麻黄山乡沙崾岘村余生祥果园1号枣

资源编号：4-9。

地理和立地条件：盐池县南部地区，黑垆土，漫灌灌溉。

形态特征和生物学特征：树龄18年，树势强健，树姿直立，树体高大，成枝力中等，叶片卵圆形，5月中旬萌芽，7月下旬进入盛花期，果实10月上旬成熟，丰产性好。

果实特性：平均单果重11.34 g，果实纺锤形，果顶微凸，平均横径、纵径分别为2.5 cm和4.02 cm，果皮紫红色，果肉白绿色，肉质酥脆，汁液多，味甜，宜鲜食，品质上等。

树 体

叶 片

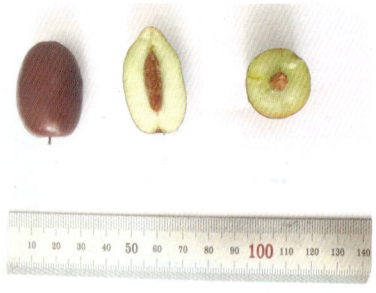

果 实

萌芽期（5月15日摄）

盛花期、坐果期（7月24日摄）

膨大期（8月7日摄）

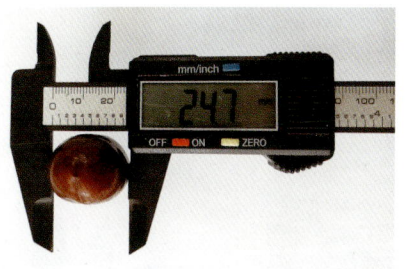
横　径

纵　径

成熟期（10月2日摄）

盐池县惠安堡镇杜记沟村关明果园1号枣

资源编号：4-10。

地理和立地条件：盐池县南部地区，黑垆土，漫灌灌溉。

形态特征和生物学特征：树龄12年，树势强健，树姿直立，成枝力中等，叶片卵圆形，5月中旬萌芽，6月中旬进入盛花期，果实9月中旬成熟，丰产性一般。

果实特性：平均单果重17.6 g，果实卵圆形，果顶平或微凹，平均横径、纵径分别为3.37 cm和3.79 cm，果皮赭红色，果肉白绿色，肉质粗，汁液少，鲜食口感一般，品质中等，易裂果。

树 体

叶 片

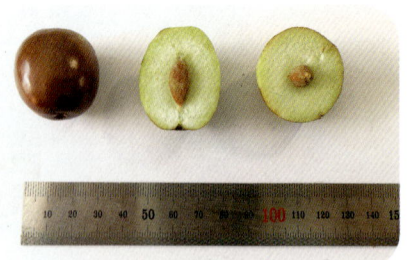

果 实

萌芽期（5月15日摄）

盛花期（6月14日摄）

坐果期（7月4日摄）

膨大期（7月31日摄）

横 径

纵 径

成熟期（9月18日摄）

盐池县惠安堡镇大坝村郑恩荣果园1号枣

资源编号：4-11。

地理和立地条件：盐池县南部地区，黑垆土，滴灌灌溉。

形态特征和生物学特征：树龄24年，树势强健，树姿直立，树体高大，成枝力中等，叶片卵圆形，5月中旬萌芽，7月上旬进入盛花期，果实10月上旬成熟，丰产性好。

果实特性：平均单果重13.47 g，果实纺锤形，果顶微凸，平均横径、纵径分别为2.66 cm和4.2 cm，果皮紫红色，果肉白绿色，肉质酥脆，汁液丰富，酸甜适口，宜鲜食，品质上等。

树　体

叶　片

果　实

 萌芽期（5月15日摄）
 盛花期（7月4日摄）

 坐果期（7月20日摄）
 膨大期（8月5日摄）

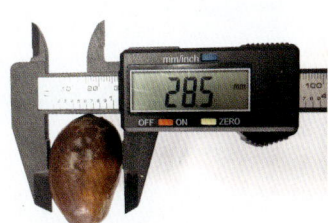 横　径
 纵　径
 成熟期（10月5日摄）

盐池县青山乡方山村吴生成果园 1 号枣

资源编号：4-12。

地理和立地条件：盐池县中部地区，灰钙土，漫灌灌溉。

形态特征和生物学特征：树龄11年，树势强健，树姿直立，树冠圆形，成枝力中等，叶片卵圆形，4月下旬萌芽，6月中旬进入盛花期，果实10月上旬成熟，丰产性好。

果实特性：平均单果重12.3 g，果实卵圆形，果顶平，平均横径、纵径分别为2.9 cm和3.27 cm，果皮赭红色，果肉白绿色，肉质酥脆，汁液中等，味酸甜，品质中等。

树　体　　　　　叶　片　　　　　果　实

萌芽期（4月30日摄）

盛花期（6月11日摄）

坐果期（6月25日摄）

膨大期（7月31日摄）

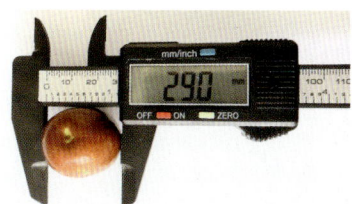

横　径

纵　径

成熟期（10月2日摄）

盐池县王乐井乡石山子村周锭果园 1 号枣

资源编号：4-13。

地理和立地条件：盐池县中部地区，风沙土，漫灌灌溉。

形态特征和生物学特征：树龄11年，树势强健，树姿直立，成枝力中等，叶片卵圆形，5月上旬萌芽，6月中旬进入盛花期，果实9月下旬成熟，丰产性一般。

果实特性：平均单果重14.26 g，果实纺锤形，果顶微凸，平均横径、纵径分别为5.34 cm 和2.84 cm，果皮紫红色，果肉白绿色，肉质酥脆，汁液多，酸甜适口，品质上等。

树　体

叶　片

果　实

萌芽期（5月8日摄）

盛花期（6月18日摄）

坐果期（7月23日摄）

膨大期（8月13日摄）

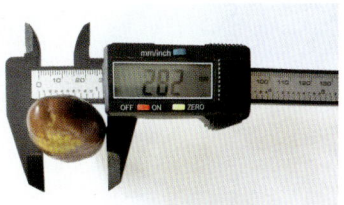
横 径

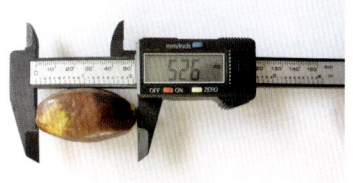
纵 径

成熟期（9月27日摄）

盐池县花马池镇四墩子村杨勇果园1号枣

资源编号：4-14。

地理和立地条件：盐池县北部地区，风沙土，滴灌灌溉。

形态特征和生物学特征：树龄15年，树势中庸，树姿直立，成枝力中等，叶片卵圆形，5月上旬萌芽，6月下旬进入盛花期，果实10月上旬成熟，丰产性一般。

果实特性：平均单果重13.14 g，果实卵圆形，果顶平或微凹，平均横径、纵径分别为2.94 cm和3.12 cm，果皮赭红色，果肉白绿色，肉质粗松，汁液少，酸味略大，品质一般。

树　体　　　　叶　片　　　　果　实

萌芽期（5月3日摄）

盛花期（6月24日摄）

坐果期（7月10日摄）

膨大期（9月11日摄）

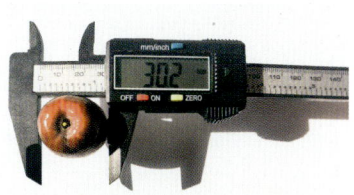
横　径

纵　径

成熟期（10月7日摄）

李

Prunus salicina Lindl.

　　李属蔷薇科（Rosaceae）李属（*Prunus*）落叶乔木或小乔木，有30多种，我国原产或栽培有7种，从东北的黑龙江至福建、台湾等地均有栽植，种类繁多，性状优良。截至2021年末，全区李栽植面积0.43万亩，产量0.24万 t，主要栽植地点为灵武市、彭阳县等地。

盐池县王乐井乡孙家楼村孙荣旺果园 1 号李

资源编号：5-1。

地理和立地条件：盐池县北部地区，风沙土，漫灌灌溉。

形态特征和生物学特征：树龄8年，树势中庸，树姿直立，成枝力中等，叶片卵圆形，4月中旬萌芽，4月下旬进入盛花期，果实8月下旬成熟，丰产性差。

果实特性：平均单果重42.4 g，果实长椭圆形，平均横径、纵径分别为3.82 cm和5.72 cm，果面光滑，果皮厚，果实成熟时深蓝色，果肉淡黄色，肉质细，汁液多，味甜略酸，离核，品质中等。

树　体

叶　片

果　实

萌芽期（4月11日摄）　　　　　盛花期（4月26日摄）

坐果期（5月15日摄）　　　　　膨大期（6月23日摄）

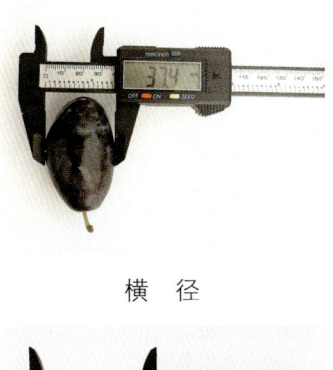

横　径

纵　径

成熟期（8月28日摄）

盐池县王乐井乡孙家楼村孙荣旺果园 2 号李

资源编号：5-2。

地理和立地条件：盐池县北部地区，风沙土，漫灌灌溉。

形态特征和生物学特征：树龄11年，树势中庸，树姿较开张，成枝力中等，叶片卵圆形，4月上旬萌芽，4月中旬进入盛花期，果实8月中旬成熟，丰产性差。

果实特性：平均单果重35.5 g，果实近圆形，平均横径、纵径分别为3.7 cm和4.79 cm，果面深红色，果肉淡黄色，肉质细腻，汁液多，味甜，有香气，黏核，品质中等。

树 体

叶 片

果 实

萌芽期(4月2日摄)

盛花期(4月15日摄)

坐果期(5月21日摄)

膨大期(7月16日摄)

横　径

纵　径

成熟期(8月15日摄)

盐池县王乐井乡石山子村周锭果园1号李

资源编号：5-3。

地理和立地条件：盐池县中部地区，风沙土，漫灌灌溉。

形态特征和生物学特征：树龄10年，树势强健，树姿直立，成枝力中等，叶片椭圆形，3月下旬萌芽，4月上旬进入盛花期，果实8月下旬成熟，丰产性好。

果实特性：平均单果重96.7 g，果实近圆形，平均横径、纵径分别为5.57 cm和5.38 cm，果面紫红色，果型较大，果顶微凹，缝合线明显，果肉琥珀色，肉质纤维少而细腻，汁液丰富，酸甜适口，有香气，离核，品质上等。

树　体

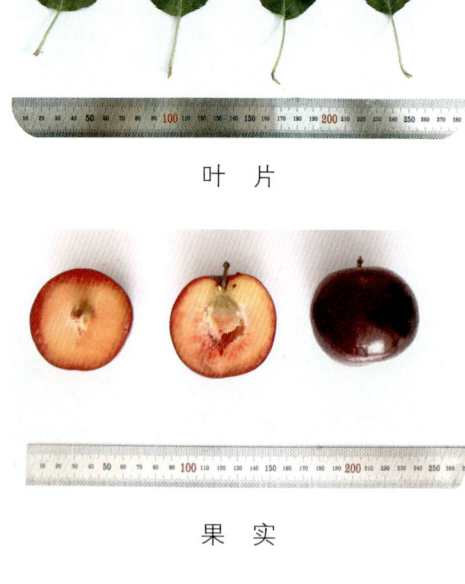

叶　片

果　实

萌芽期（3月26日摄）

盛花期（4月9日摄）

坐果期（4月30日摄）

膨大期（7月11日摄）

横　径

纵　径

成熟期（8月28日摄）

盐池县王乐井乡石山子村周锭果园 2 号李

资源编号：5-4。

地理和立地条件：盐池县中部地区，风沙土，漫灌灌溉。

形态特征和生物学特征：树龄13年，树势强健，树姿开张，成枝力强，叶片倒纺锤形，3月下旬萌芽，4月上旬进入盛花期，果实7月下旬成熟，丰产性好。

果实特性：平均单果重58.82 g，果实近圆形，平均横径、纵径分别为4.51 cm和4.76 cm，果实底色黄绿色，着不规则红色，果肉淡黄色，肉质致密，汁液中等，味酸甜，微香，离核，品质上等。

叶　片

果　实

树　体

萌芽期（3月27日摄）

盛花期（4月9日摄）

坐果期（5月8日摄）

膨大期（7月2日摄）

横　径

纵　径

成熟期（7月23日摄）

盐池县王乐井乡石山子村周锭果园 3 号李

资源编号：5-5。

地理和立地条件：盐池县中部地区，风沙土，漫灌灌溉。

形态特征和生物学特征：树龄13年，树势强健，树姿开张，成枝力强，叶片倒纺锤形，3月下旬萌芽，4月上旬进入盛花期，果实7月下旬成熟，丰产性好。

果实特性：平均单果重42.27 g，果实近圆形，果顶微凸，缝合线浅，平均横径、纵径分别为4.07 cm 和4.12 cm，果实底色黄绿色，着不规则红色，果肉淡黄色，纤维少，汁液中等，酸甜适口，有香气，离核，品质上等。

树 体

叶 片

果 实

萌芽期（3月27日摄）

盛花期（4月9日摄）

坐果期（5月8日摄）

膨大期（6月11日摄）

横　径

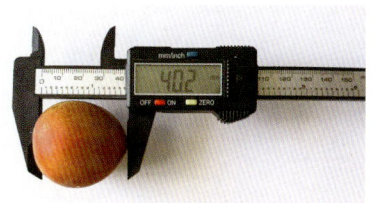
纵　径

成熟期（7月23日摄）

盐池县王乐井乡石山子村周锭果园 4 号李

资源编号：5-6。

地理和立地条件：盐池县中部地区，风沙土，漫灌灌溉。

形态特征和生物学特征：树龄11年，树势中庸，树姿较开张，成枝力中等，叶片倒卵形或椭圆形，4月中旬萌芽，4月下旬进入盛花期，果实8月下旬成熟，丰产性好。

果实特性：平均单果重47.78 g，果实卵圆形，果顶圆，平均横径、纵径分别为4.27 cm和5.34 cm，果面深紫色，果肉琥珀色，味甜，汁液多，核小，离核，品质上等。

树 体　　叶 片　　果 实

萌芽期（4月16日摄）　　　　　盛花期（4月23日摄）

坐果期（5月8日摄）　　　　　膨大期（6月3日摄）

横　径

纵　径

成熟期（8月28日摄）

盐池县惠安堡镇大坝村郑恩荣果园1号李

资源编号：5-7。

地理和立地条件：盐池县南部地区，黑垆土，滴灌灌溉。

形态特征和生物学特征：树龄8年，树势中庸，树姿开张，成枝力中等，叶片倒卵形或椭圆形，3月下旬萌芽，4月上旬进入盛花期，果实7月下旬成熟，丰产性好。

果实特性：平均单果重37.68 g，果实近圆形，果顶圆，平均横径、纵径分别为3.93 cm和3.95 cm，果面红色，果肉琥珀色，肉质细腻，汁液丰富，味甜，香气浓郁，黏核，品质上等。

树 体

叶 片

果 实

萌芽期（3月26日摄）

盛花期（4月10日摄）

坐果期（5月4日摄）

膨大期（6月1日摄）

横　径

纵　径

成熟期（7月31日摄）

梨

***Pyrus* spp.**

梨属蔷薇科（Rosaceae）梨属（*Pyrus*）落叶乔木，约30种，我国梨产业形成了华北、西北、黄河故道和长江流域4个优势产区以及东北、渤海湾、新疆、西南4个特色产区。梨从果树演化的角度大体分为2组，分别为真梨组（果实大，心室以5个为主，果皮多黄绿色，如白梨、西洋梨等）和杜梨组（果实极小，心室2~3个，果皮深褐色，主要用作砧木，如杜梨、豆梨等）。2019年全国梨栽植面积约为1 411万亩，产量为1 731万 t[10]。截至2021年末，全区梨栽植面积3.39万亩，产量2.03万 t，海原县、灵武市、同心县栽植面积最大。

盐池县青山乡营盘台村吴银东果园1号梨

资源编号：6-1。

地理和立地条件：盐池县中部地区，灰钙土，滴灌灌溉。

形态特征和生物学特征：树龄12年，树势中庸，树姿开张，成枝力中等，叶片卵圆形，叶缘具复锯齿，3月下旬萌芽，4月中旬进入盛花期，果实8月中旬成熟，丰产性一般。

果实特性：平均单果重75.48 g，果实近圆形，平均横径、纵径分别为5.02 cm和5.1 cm，果实黄绿色，皮厚且粗糙，果肉白色，肉质较粗，石细胞多，味酸甜，品质中等。

树　体

叶　片

果　实

萌芽期（3月28日摄）　　初花期（4月11日摄）　　盛花期（4月17日摄）

坐果期（5月15日摄）　　膨大期（7月1日摄）

横　径

纵　径

成熟期（8月14日摄）

盐池县青山乡方山村吴生成果园 1 号梨

资源编号：6-2。

地理和立地条件：盐池县中部地区，灰钙土，漫灌灌溉。

形态特征和生物学特征：树龄20年，树势中庸，树姿开张，成枝力中等，叶片卵圆形，叶缘具钝齿，3月下旬萌芽，4月中旬进入盛花期，果实8月上旬成熟，丰产性好。

果实特性：平均单果重183.74 g，果实倒卵形，平均横径、纵径分别为6.88 cm和7.12 cm，果实黄绿色，果肉白色，肉质较粗，石细胞多，味酸甜，品质中等。

叶 片　　　　　　　　果 实

树 体

萌芽期（3月28日摄）

初花期（4月11日摄）

盛花期（4月16日摄）

坐果期（5月3日摄）

膨大期（6月25日摄）

横　径

纵　径

成熟期（8月7日摄）

盐池县青山乡方山村吴生成果园 2 号梨

资源编号：6-3。

地理和立地条件：盐池县中部地区,灰钙土,漫灌灌溉。

形态特征和生物学特征：树龄21年,树势中庸,树姿开张,成枝力中等,叶片卵圆形,叶缘具复锯齿,3月下旬萌芽,4月中旬进入盛花期,果实9月中旬成熟,丰产性好。

果实特性：平均单果重108.4 g,果实卵圆形,平均横径、纵径分别为6.69 cm 和6.73 cm,果实黄绿色,果心较小,果肉白色,肉质酥脆,汁液多,味甜,品质中等。

树 体

叶 片

果 实

萌芽期(3月27日摄)

初花期(4月9日摄)

盛花期(4月20日摄)

坐果期(5月8日摄)

膨大期(6月10日摄)

横 径

纵 径

成熟期(9月12日摄)

盐池县大水坑镇大水坑村牛秀果园1号梨

资源编号：6-4。

地理和立地条件：盐池县中部地区，黑垆土，漫灌灌溉。

形态特征和生物学特征：树龄13年，树势强健，树姿较开张，成枝力强，叶片长卵圆形，叶缘具复锯齿，3月下旬萌芽，4月下旬进入盛花期，果实9月中旬成熟，丰产性好。

果实特性：平均单果重169.2 g，果实近圆形，平均横径、纵径分别为6.89 cm和7.64 cm，果实底色黄绿色，阳面有少量红晕，果肉白色，石细胞较多，肉质紧实，汁液丰富，味酸甜，品质中等。

树　体

叶　片

果　实

萌芽期（3月28日摄）

初花期（4月10日摄）

盛花期（4月27日摄）

坐果期（5月15日摄）

膨大期（7月10日摄）

横　径

纵　径

成熟期（9月20日摄）

盐池县冯记沟乡雨强村崔文亮果园1号梨

资源编号：6-5。

地理和立地条件：盐池县中部地区，黑垆土，漫灌灌溉。

形态特征和生物学特征：树龄10年，树势强健，树姿开张，成枝力强，叶片长卵圆形，叶缘具复锯齿，4月上旬萌芽，4月下旬进入盛花期，果实8月中旬成熟，丰产性一般。

果实特性：平均单果重111.8 g，果实扁圆形，平均横径、纵径分别为5.96 cm和5.55 cm，果实底色黄绿色，果心较小，果肉白色，肉质细脆，汁液多，味酸甜，品质中等。

树 体

叶 片

果 实

萌芽期（4月2日摄）　　　初花期（4月17日摄）　　　盛花期（4月28日摄）

坐果期（5月15日摄）　　　膨大期（7月10日摄）

横　径

纵　径

成熟期（8月14日摄）

盐池县惠安堡镇大坝村郑恩荣果园1号梨

资源编号：6-6。

地理和立地条件：盐池县南部地区，黑垆土，滴灌灌溉。

形态特征和生物学特征：树龄20年，树势强健，树姿开张，成枝力强，叶片近扇形，叶缘具复锯齿，4月上旬萌芽，4月下旬进入盛花期，果实9月中旬成熟，丰产性好。

果实特性：平均单果重95.3 g，果实卵圆形，平均横径、纵径分别为5.95 cm和6.31 cm，果实金黄色，果肉白色，肉质紧实，石细胞较少，汁液多，味酸甜，品质上等。

树 体

叶 片

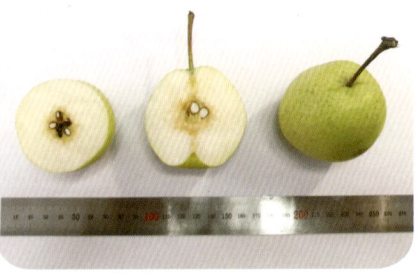

果 实

萌芽期（4月2日摄）

初花期（4月17日摄）

盛花期（4月27日摄）

坐果期（6月1日摄）

膨大期（7月31日摄）

横　径

纵　径

成熟期（9月18日摄）

盐池县王乐井乡石山子村周锭果园1号梨

资源编号：6-7。

地理和立地条件：盐池县中部地区，风沙土，漫灌灌溉。

形态特征和生物学特征：树龄8年，树势强健，树姿直立，成枝力强，叶片卵圆形，叶缘钝齿不明显，4月上旬萌芽，4月下旬进入盛花期，果实8月下旬成熟，丰产性好。

果实特性：平均单果重282.5 g，果实葫芦形，平均横径、纵径分别为7.6 cm和10.67 cm，果实底色黄绿色，阳面着红晕，果肉白色，肉质紧实，石细胞少，汁液中等，味酸甜，放置10 d左右，肉质软糯，品质上等。

树　体　　　　　　叶　片　　　　　　果　实

萌芽期（4月2日摄）

盛花期（4月26日摄）

坐果期（5月15日摄）

膨大期（6月11日摄）

横　径

纵　径

成熟期（8月28日摄）

盐池县麻黄山乡沙嵝岘村余生祥果园1号杜梨

资源编号：6-8。

地理和立地条件：盐池县南部地区，黑垆土，漫灌灌溉。

形态特征和生物学特征：树龄7年，树势强健，树姿直立，成枝力强，叶片卵圆形，叶缘具复锯齿，4月中旬萌芽，5月上旬进入盛花期，果实10月上旬成熟，丰产性好。

果实特性：平均单果重0.76 g，果实圆形，平均横径、纵径分别为1.1 cm和0.98 cm，果实红色，簇生，口感较涩，食用性不大，主要用作砧木或观赏树种。

树 体　　叶 片　　果 实

盛花期（5月4日摄）

坐果期（5月14日摄）　　　　膨大期（7月24日摄）

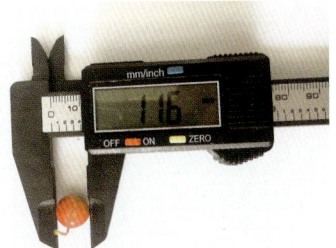

横　径

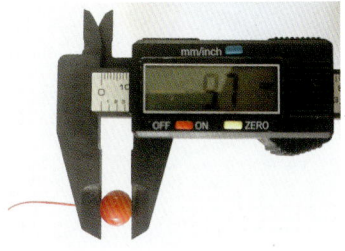

纵　径

成熟期（10月10日摄）

核 桃

Juglans regia L.

核桃，学名胡桃，属胡桃科（Juglandaceae）胡桃属（*Juglans*）落叶乔木，与杏仁、榛子、腰果并称世界四大干果，我国栽植区域广，从新疆伊犁至东部沿海山东、东北辽宁至西南云南均有栽植。羽状复叶，雌雄异花，种仁含油量高，可生食，亦可榨油食用，木材坚实。2020年我国核桃栽植面积约为1.2亿亩，产量达到479.59万t[11]。截至2021年末，全区核桃栽植面积4.48万亩，产量0.56万t，主要栽植地点为彭阳县、隆德县、红寺堡区等地。

盐池县高沙窝镇营西村蔡风知果园1号核桃

资源编号：7-1。

地理和立地条件：盐池县北部地区，风沙土，无灌溉条件。

形态特征和生物学特征：树龄7年，树势中庸，树姿开张，成枝力弱，以中短枝结果为主，4月下旬萌芽，5月下旬进入盛花期，果实9月中旬成熟，丰产性一般。

果实特性：平均单果重17.48 g，果实椭圆形，平均横径、纵径分别为3.33 cm和3.57 cm，壳面较光滑，缝合线隆起，结合紧密，隔膜革质，核仁饱满，易剥离，味香浓，品质中等。

叶 片　　　　　果 实

树 体

萌芽期（4月26日摄）

雌花盛花期（5月16日摄）

雄花盛花期（5月16日摄）

坐果期（5月27日摄）

膨大期（6月26日摄）

横　径

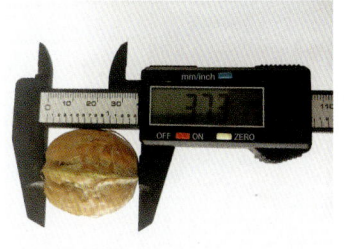

纵　径

成熟期（9月18日摄）

盐池县麻黄山乡沙崾岘村余生祥果园1号核桃

资源编号：7-2。

地理和立地条件：盐池县南部地区，黑垆土，漫灌灌溉。

形态特征和生物学特征：树龄32年，树势中庸，树姿开张，成枝力弱，4月上旬萌芽，5月上旬进入盛花期，果实9月中旬成熟，丰产性一般。

果实特性：平均单果重15.4 g，果实长椭圆形，果顶尖，平均果实横径、纵径分别为3.17 cm和4.07 cm，壳面较光滑，青皮易开裂、剥离，缝合线隆起，核仁饱满、黄白色，品质中等。

树　体

叶　片

果　实

萌芽期（4月10日摄）

雄花盛花期（5月4日摄）

雌花盛花期（5月15日摄）

坐果期（5月26日摄）

膨大期（6月26日摄）

横　径

纵　径

成熟期（9月20日摄）

盐池县麻黄山乡沙崾岘村余生祥果园2号核桃

资源编号：7-3。

地理和立地条件：盐池县南部地区，黑垆土，漫灌灌溉。

形态特征和生物学特征：树龄8年，树势强健，树姿开张，成枝力强，4月下旬萌芽，5月中旬进入盛花期，果实9月中旬成熟，丰产性好。

果实特性：平均单果重20.2 g，果实近圆形，果顶平或略凸，平均横径、纵径分别为3.47 cm和3.82 cm，壳面光滑，青皮较薄，坚果刻纹少，缝合线平，核仁饱满、黄白色，有香气，品质上等。

树　体

叶　片

果　实

萌芽期（4月27日摄）

雌花盛花期（5月15日摄）

雄花盛花期（5月15日摄）

坐果期（5月26日摄）

膨大期（6月26日摄）

横　径

纵　径

成熟期（9月20日摄）

盐池县麻黄山乡沙崾岘村余生祥果园 3 号核桃

资源编号：7-4。

地理和立地条件：盐池县南部地区，黑垆土，漫灌灌溉。

形态特征和生物学特征：树龄9年，树势中庸，树姿开张，成枝力弱，4月下旬萌芽，5月中旬进入盛花期，果实9月中旬成熟，丰产性好。

果实特性：平均单果重18.8 g，果实近圆形，果顶平或略凸，平均横径、纵径分别为3.32 cm 和3.79 cm，壳面光滑，青皮较薄，坚果刻纹少，缝合线平，核仁饱满，易剥离，品质中等。

树　体

叶　片

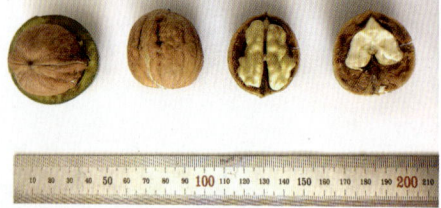

果　实

萌芽期（4月27日摄）

雌花盛花期（5月15日摄）

雄花盛花期（5月15日摄）

坐果期（5月26日摄）

膨大期（7月24日摄）

横　径

纵　径

成熟期（9月20日摄）

海棠果

Malus prunifolia (Willd.) Borkh.

海棠果，学名楸子，属蔷薇科（Rosaceae）苹果属（*Malus*）落叶乔木，树姿直立，叶片中大，多呈卵圆形，花序伞形，果实卵圆形或近圆形。海棠树既可用作苹果砧木，也是很好的观赏树种。我国主要分布在河北、山东、山西、甘肃等黄河两岸地区以及辽宁、内蒙古等省区，宁夏目前尚未集中连片栽植。

盐池县冯记沟乡雨强村崔文亮果园 1 号海棠果

资源编号：8-1。

地理和立地条件：盐池县中部地区，黑垆土，漫灌灌溉。

形态特征和生物学特征：树龄7年，树势旺盛，树姿开张，成枝力中等，叶片椭圆形，叶缘具复锯齿，4月上旬萌芽，4月下旬进入盛花期，果实10月中旬成熟，丰产性一般。

果实特性：平均单果重8.31 g，果实扁圆形，平均横径、纵径分别为2.62 cm和2.3 cm，果实橙红色，果肉黄色，肉质紧实。

树　体

叶　片

果　实

萌芽期（4月2日摄）　　　初花期（4月11日摄）　　　盛花期（4月28日摄）

坐果期（5月15日摄）　　　膨大期（6月24日摄）

横　径

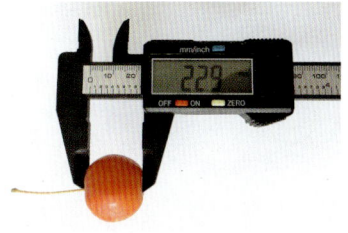

纵　径

成熟期（10月16日摄）

盐池县冯记沟乡雨强村崔文亮果园 2 号海棠果

资源编号：8-2。

地理和立地条件：盐池县中部地区，黑垆土，漫灌灌溉。

形态特征和生物学特征：树龄12年，树势旺盛，树姿开张，成枝力强，叶片椭圆形，叶缘具复锯齿，4月中旬萌芽，5月上旬进入盛花期，果实9月中旬成熟，丰产性好。

果实特性：平均单果重11.38 g，果实扁圆形，平均横径、纵径分别为2.79 cm 和 2.59 cm，果实底色橙红色，阳面有红晕，果面有明显的5~8条棱，萼片宿存。

叶　片　　　　　　　　　果　实

树　体

萌芽期（4月11日摄）

初花期（4月28日摄）

盛花期（5月4日摄）

坐果期（5月15日摄）

膨大期（6月9日摄）

横　径

纵　径

成熟期（9月12日摄）

盐池县冯记沟乡雨强村崔文亮果园 3 号海棠果

资源编号：8-3。

地理和立地条件：盐池县中部地区，黑垆土，漫灌灌溉。

形态特征和生物学特征：树龄9年，树势旺盛，树姿开张，成枝力强，叶片椭圆形，叶缘具复锯齿，4月中旬萌芽，5月上旬进入盛花期，果实9月中旬成熟，丰产性好。

果实特性：平均单果重11.6 g，果实扁圆形或圆形，平均横径、纵径分别为2.86 cm和2.72 cm，果实底色黄绿色，阳面有红晕，萼略凸，萼片宿存。

树 体

叶 片

果 实

萌芽期（4月17日摄）

初花期（4月28日摄）

盛花期（5月4日摄）

坐果期（5月15日摄）

膨大期（6月24日摄）

横　径

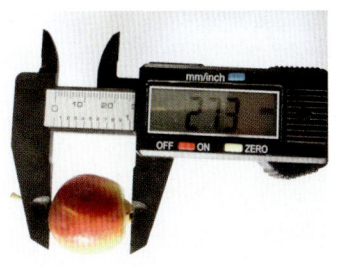
纵　径

成熟期（9月12日摄）

盐池县高沙窝镇营西村蔡风知果园 1 号海棠果

资源编号：8-4。

地理和立地条件：盐池县北部地区，风沙土，无灌溉条件。

形态特征和生物学特征：树龄12年，树势旺盛，树姿开张，成枝力中等，叶片椭圆形，叶缘具复钝齿，3月下旬萌芽，5月上旬进入盛花期，果实10月下旬成熟，丰产性好。

果实特性：平均单果重6.25 g，果实扁圆形，平均横径、纵径分别为2.28 cm 和 2.41 cm，果实底色黄绿色，阳面有红晕，萼略凸，萼片宿存。

叶　片　　　　　　　　果　实

树　体

萌芽期（3月31日摄）

初花期（4月26日摄）

盛花期（5月3日摄）

坐果期（5月15日摄）

膨大期（8月21日摄）

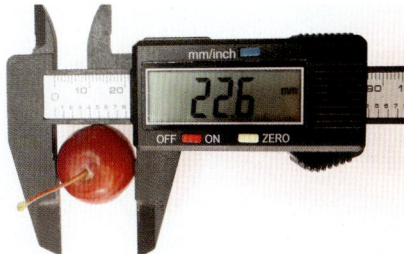
横　径

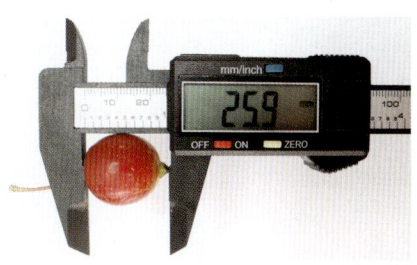
纵　径

成熟期（10月23日摄）

葡萄

Vitis vinifera L.

葡萄属葡萄科（Vitaceae）葡萄属（*Vitis*）落叶藤本植物，有卷须，叶对生，托叶小而脱落，花小，圆锥花序，主要分为鲜食、酿酒和制干三大类型。我国葡萄种植区域集中在新疆、陕西、河北和山东等历史优势种植区域。2020年全国产量1 431.41万 t，占水果总产量的5%[12]。截至2021年末，全区葡萄栽植面积3.73万亩，产量4.54万 t，主要栽植地点为永宁县、青铜峡市、利通区等地。

盐池县青山乡营盘台村吴银东果园 1 号葡萄

资源编号：9-1。

地理和立地条件：盐池县中部地区，灰钙土，滴灌灌溉。

形态特征和生物学特征：树龄12年，树势较强，5月上旬萌芽，6月上旬进入盛花期，果实9月中旬成熟。

果实特性：平均穗重298.3 g，果穗大小整齐，平均果粒横径、纵径分别为2.17 cm和2.26 cm，果粒近圆形或短圆锥形，果皮紫红色或紫色，果肉较脆，汁液多，味甜，品质中等。

叶 片　　　　　　　　　果 实

树 体

萌芽期（5月3日摄）

盛花期（6月10日摄）

膨大期（7月25日摄）

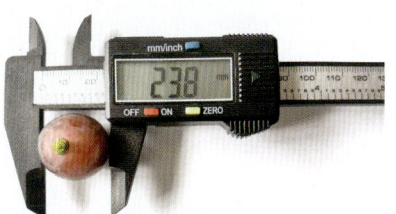
横　径

纵　径

成熟期（9月12日摄）

盐池县冯记沟乡雨强村崔文亮果园1号葡萄

资源编号：9-2。

地理和立地条件：盐池县中部地区，黑垆土，漫灌灌溉。

形态特征和生物学特征：树龄20年，树势强健，5月上旬萌芽，6月上旬进入盛花期，果实9月中旬成熟。

果实特性：平均穗重393.9 g，果穗圆锥形，果粒圆形、着生紧密，平均果粒横径、纵径分别为2.16 cm和2.14 cm，果皮黄绿色或金黄色，果皮薄，果肉脆，汁液多，味酸甜，品质上等。

叶 片　　　　　果 实

树 体

萌芽期（5月4日摄）

盛花期（6月1日摄）

坐果期（6月24日摄）

膨大期（8月7日摄）

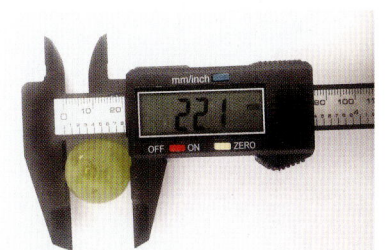
横　径

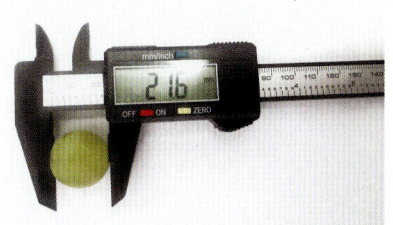
纵　径

成熟期（9月12日摄）

枸 杞

Lycium chinense Mill.

枸杞属茄科（Solanaceae）枸杞属（*Lycium*）多年生木本植物，枝条细弱，弓状弯曲或俯垂，叶纸质、卵形，单叶互生或2~4枚簇生，花在长枝上者单生或双生于叶腋。我国枸杞主要集中在宁夏、新疆、青海、甘肃等省区，2020年全国枸杞种植面积222.45万亩，其中：甘肃70.5万亩，青海60万亩，宁夏35万亩，新疆31.05万亩，其他省区25.9万亩。宁夏作为世界枸杞知名产地，以"中国枸杞之乡"享誉海内外，核心产区为中宁县[13]。

盐池县花马池镇佟记圈村佟建宏果园 1 号枸杞

资源编号：10-1。

地理和立地条件：盐池县北部地区，风沙土，滴灌灌溉。

形态特征和生物学特征：树龄9年，树势中庸，枝条开张，成枝力中等，叶片长卵圆形，4月中旬萌芽，5月中旬进入盛花期，果实6月中旬第一茬成熟，丰产性中等。

果实特性：平均单果重1.01 g，果实长圆柱形，平均横径、纵径分别为1.07 cm 和 2.03 cm，果皮、果肉鲜红色，味甜。

叶 片　　　　　　　　　果 实

树 体

萌芽期（4月11日摄）　　　　盛花期（5月15日摄）　　　　坐果期（5月30日摄）

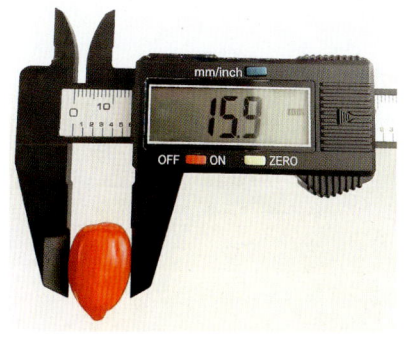 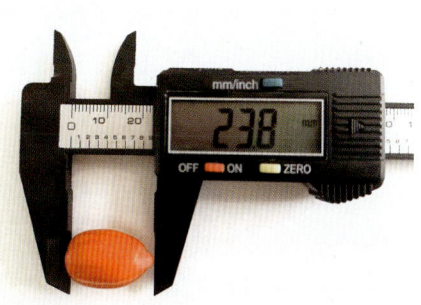

横　径　　　　　　　　　　纵　径

头茬成熟期（6月16日摄）

樱 桃

***Cerasus pseudocerasus* Lindl.**

樱桃属蔷薇科（Rosaceae）樱属（*Cerasus*）落叶乔木，用于栽植的主要有欧洲甜樱桃和中国樱桃两个种，花序伞房状或近伞形，有花3~6朵，先叶开放，花瓣多为白色，略带粉色。我国樱桃主要分布在江苏、山东等地，东北、云南也有栽培。截至2021年末，全区樱桃种植面积852亩，产量57 t，主要分布在西吉县、贺兰县等地。

盐池县惠安堡镇杜记沟村关明果园1号樱桃

资源编号：11-1。

地理和立地条件：盐池县南部地区，黑垆土，漫灌灌溉。

形态特征和生物学特征：树龄14年，树势中庸，树姿开张，成枝力中等，叶片卵圆形，先端渐尖，4月上旬萌芽，4月中旬进入盛花期，果实6月上旬成熟，丰产性一般。

果实特性：平均单果重7.46 g，果实宽心脏形，平均横径、纵径分别为2.59 cm和2.31 cm，果皮、果肉紫红色，肉质紧实，汁液多，酸甜适口，品质上等。

叶　片　　　　　　　　　果　实

树　体

萌芽期（4月10日摄）

盛花期（4月17日摄）

坐果期（5月4日摄）

膨大期（5月15日摄）

横 径

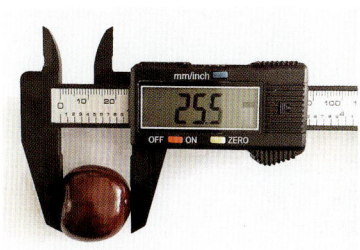
纵 径

成熟期（6月9日摄）

山 楂

Crataegus pinnatifida Bunge

山楂属蔷薇科（Rosaceae）山楂属（*Crataegus*）落叶乔木，又称山里红、红果，伞房花序具多花，花瓣白色。山楂为我国特有的药果兼用树种，主要有山楂和云南山楂两个种，根据地理位置、气候、品种特性和栽培管理情况，将山楂栽植主要产区划分为北方山楂和云贵高原云南山楂两大产区。北方山楂产区的山楂品种丰富，质量优良。目前，全国北方山楂栽植面积130万亩，年产量150多万 t[14]。截至2021年末，全区山楂种植面积2 031亩，产量70 t，主要分布在西吉县、海原县和原州区。

盐池县王乐井乡石山子村周锭果园1号山楂

资源编号：12-1。

地理和立地条件：盐池县中部地区，风沙土，漫灌灌溉。

形态特征和生物学特征：树龄9年，树势强健，树姿开张，成枝力强，叶片三角状卵圆形，4月上旬萌芽，5月上旬进入盛花期，果实10月下旬成熟，丰产性好。

果实特性：平均单果重4.14 g，果实近圆形，平均横径、纵径分别为2.03 cm和2.26 cm，果实深红色，有白色果点，果核较大，萼片宿存，味酸甜。

树 体

叶 片

果 实

萌芽期（4月9日摄）

盛花期（5月8日摄）

坐果期（6月18日摄）

膨大期（7月2日摄）

横　径

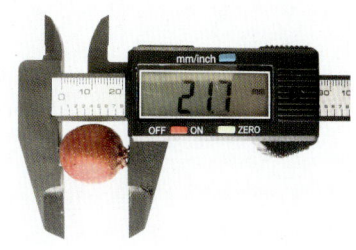
纵　径

成熟期（10月23日摄）

花椒

Zanthoxylum bungeanum Maxim.

花椒属芸香科（Rutaceae）花椒属（*Zanthoxylum*）落叶乔木、灌木或木质藤本植物，果实主要用作调味香料。枝有短刺，奇数羽状复叶，小叶对生，花序顶生，中国除台湾、海南及广东不产外，其余各省区均有分布。2020年末，全国共种植2 500万亩，年产量28万t，四川、甘肃、陕西三省种植面积约占全国总面积的45%[15]。截至2021年末，全区花椒种植面积1.3万亩，产量266 t，主要分布在彭阳县和原州区。

盐池县青山乡营盘台村吴银东果园1号花椒

资源编号：13-1。

地理和立地条件：盐池县中部地区，灰钙土，滴灌灌溉。

形态特征和生物学特征：树龄8年，树势中庸，树姿开张，成枝力中等，叶片长椭圆形，叶缘具复锯齿，4月上旬萌芽，果实9月中旬成熟，丰产性差。

果实特性：果实圆形，平均直径0.45 cm，成熟的果实浅红色，放置一段时间后呈褐色。

叶　片

果　实

树　体

萌芽期（4月5日摄）

坐果期（6月10日摄）

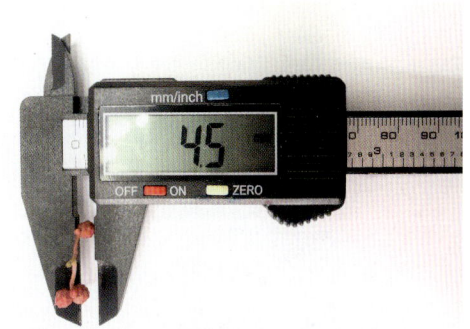
直　径

成熟期（9月12日摄）

冬季保温措施

参考文献

[1] 周晓雄.阿克苏地区林果产业发展现状与对策[D].第一师阿拉尔市：塔里木大学，2021.

[2] 丁永平.宁夏主栽果树苹果、酿酒葡萄、桃晚霜冻风险区划[D].银川：宁夏大学，2022.

[3] 汪绍铭.青海柴达木盆地气候生态资源特点和农业开发[J].生态学杂志，1990，9（3）．

[4] 李国，张国庆.灵武长枣纺锤形优质丰产栽培技术[M].银川：阳光出版社，2020.

[5] 中国苹果产业协会，中国农业大学农业规划设计院.2021年度中国苹果产业发展报告（总篇）精简版[J].中国果菜，2023，43（1）．

[6] 章秋平，刘威生.杏种质资源收集、评价与创新利用进展[J].园艺学报，2018，45（9）．

[7] 徐磊，陈超.中国桃产业经济分析与发展趋势[J].果树学报，2023，40（1）．

[8] 刘孟军，汪民.中国枣种质资源[M].北京：中国林业出版社，2009.

[9] 孔维府，孙伟哲，王涛.中国枣地理标志及黄河流域古枣树群资源发展概述[J].果树资源学报，2023，4（3）．

[10] 李亮，王玺.中国梨产业省际竞争力综合评价[J].北方园艺，2022（1）．

[11] 孟佳，方晓璞，史宣明，等.我国核桃产业发展现状、问题与建议[J].中国油脂，2023，48（1）．

[12] 李小红，李运景，马晓青，等.我国葡萄产业发展现状与展望[J].中国南方果树，2021，50（5）．

[13] 郝志红.推进宁夏现代枸杞产业高质量发展的思考与对策[J].宁夏农林科技，2022，63（10）．

[14] 董宁光，王燕，郑书旗，等.我国山楂产业现状与发展建议[J].中国果树，2022（10）．

[15] 李晓莉，黄登艳，刁英.中国花椒产业发展现状[J].湖北林业科技，2020，49（1）．

附 录

宁夏盐池县主要经济林种质资源性状

序号	资源编号	树种	平均单果重/g	果实横径/cm	果实纵径/cm	总糖含量/(g·100g⁻¹)	总酸含量/(g·100g⁻¹)	维生素C含量/(g·100g⁻¹)	可溶性固形物含量/(g·100g⁻¹)	枸杞多糖含量/(g·100g⁻¹)	蛋白质含量/(g·100g⁻¹)	灌溉条件	土壤类型	2000国家大地坐标系 X	2000国家大地坐标系 Y	海拔/m	树龄/a	乡镇	行政村
1	1-1	苹果	144.96	7.05	5.66	13.6	0.26	3.51	13.78			滴灌	灰钙土	435 237.507	4 159 637.067	1 450	15	青山乡	营盘台
2	1-2	苹果	163.20	7.18	6.20							滴灌	灰钙土	435 237.507	4 159 637.067	1 450	15	青山乡	营盘台
3	1-3	苹果	155.70	7.10	6.25							滴灌	灰钙土	435 237.507	4 159 637.067	1 450	17	青山乡	营盘台
4	1-4	苹果	178.20	7.89	6.26	18.4	0.38	5.09	15.58			漫灌	灰钙土	437 645.815	4 160 324.059	1 384	23	青山乡	方山
5	1-5	苹果	184.04	7.56	6.34	13.1	0.26	6.15	14.75			漫灌	灰钙土	437 645.815	4 160 324.059	1 384	18	青山乡	方山
6	1-6	苹果	168.54	7.39	6.06	14.4	0.38	8.78	15.98			漫灌	灰钙土	437 645.815	4 160 324.059	1 384	21	青山乡	方山
7	1-7	苹果	208.70	8.04	6.33	17.0	0.35	6.79	14.05			漫灌	灰钙土	437 645.815	4 160 324.059	1 384	16	青山乡	方山
8	1-8	苹果	72.50	5.85	4.81	14.0	0.17	5.01	17.13			漫灌	灰钙土	437 645.815	4 160 324.059	1 384	17	青山乡	方山
9	1-9	苹果	152.92	7.14	6.23	15.4	0.29	8.59	15.79			漫灌	风沙土	433 072.497	4 194 403.358	1 549	17	王乐井乡	牛记圈

续表

序号	资源编号	树种	平均单果重/g	果实横径/cm	果实纵径/cm	总糖含量/(g·100g^{-1})	总酸含量/(g·100g^{-1})	维生素C含量/(g·100g^{-1})	可溶性固形物含量/(g·100g^{-1})	枸杞多糖含量/(g·100g^{-1})	蛋白质含量/(g·100g^{-1})	灌溉条件	土壤类型	2000国家大地坐标系 X	2000国家大地坐标系 Y	海拔/m	树龄/a	乡镇	行政村
10	1-10	苹果	169.36	7.42	6.48	15.1	0.54	8.59	16.32			漫灌	风沙土	433 072.497	4 194 403.358	1 549	17	王乐井乡	牛记圈
11	1-11	苹果	80.74	5.77	5.16							漫灌	风沙土	418 290.152	4 192 517.393	1 492	7	王乐井乡	孙家楼
12	1-12	苹果	118.56	6.61	5.62	15.4	0.44	5.54	17.10			漫灌	风沙土	418 290.152	4 192 517.393	1 492	11	王乐井乡	孙家楼
13	1-13	苹果	149.96	7.09	6.04	12.8	0.54	8.59	19.35			漫灌	风沙土	430 732.559	4 182 816.664	1 536	11	王乐井乡	石山子
14	1-14	苹果	214.86	8.01	7.59	15.6	0.47	8.81	14.42			漫灌	风沙土	430 732.559	4 182 816.664	1 536	10	王乐井乡	石山子
15	1-15	苹果	172.42	7.42	6.57	15.8	0.47	8.81	18.40			漫灌	风沙土	430 732.559	4 182 816.664	1 536	10	王乐井乡	石山子
16	1-16	苹果	215.32	7.77	7.06	14.4	0.29	8.59	14.32			漫灌	风沙土	430 732.559	4 182 816.664	1 536	16	王乐井乡	石山子
17	1-17	苹果	160.28	7.64	7.16	14.8	0.44	8.59	15.39			漫灌	风沙土	430 732.559	4 182 816.664	1 536	16	王乐井乡	石山子
18	1-18	苹果	289.42	8.79	7.41	11.5	0.32	5.27	13.78			漫灌	黑垆土	410 004.658	4 146 775.701	1 546	18	大水坑镇	大水坑
19	1-19	苹果	224.34	8.09	7.06	12.9	0.37	8.78	15.70			漫灌	黑垆土	398 353.432	4 156 743.879	1 422	15	冯记沟乡	雨强

续表

序号	资源编号	树种	平均单果重/g	果实横径/cm	果实纵径/cm	总糖含量/(g·100g⁻¹)	总酸含量/(g·100g⁻¹)	维生素C含量/(g·100g⁻¹)	可溶性固形物含量/(g·100g⁻¹)	枸杞多糖含量/(g·100g⁻¹)	蛋白质含量/(g·100g⁻¹)	灌溉条件	土壤类型	2000国家大地坐标系 X	Y	海拔/m	树龄/a	乡镇	行政村
20	1-20	苹果	249.25	8.11	7.03	11.30	0.32	7.21	14.24			漫灌	黑垆土	398 353.432	4 156 743.879	1 422	15	冯记沟乡	雨强
21	1-21	苹果	197.48	7.58	6.84	11.80	0.47	9.61	14.22			漫灌	黑垆土	398 353.432	4 156 743.879	1 422	10	冯记沟乡	雨强
22	1-22	苹果	158.72	7.52	5.67	11.70	0.32	9.66	14.12			漫灌	黑垆土	398 353.432	4 156 743.879	1 422	22	冯记沟乡	雨强
23	1-23	苹果	113.20	7.57	6.52	10.20	0.44	6.21	13.87			漫灌	黑垆土	398 353.432	4 156 743.879	1 422	12	冯记沟乡	雨强
24	1-24	苹果	92.48	5.96	5.02	13.90	0.38	7.73	18.07			无	风沙土	411 009.652	4 218 304.845	1 441	14	高沙窝镇	营西
25	1-25	苹果	148.04	6.95	6.24	13.80	0.34	8.78	16.98			漫灌	黑垆土	437 443.983	4 113 231.739	1 688	22	麻黄山乡	沙嗓峴
26	1-26	苹果	165.72	7.40	6.46	14.30	0.29	8.81	16.43			滴灌	黑垆土	384 980.712	4 134 313.681	1 406	20	惠安堡镇	大坝
27	1-27	苹果	152.54	7.00	5.99	13.00	0.35	8.78	14.72			滴灌	黑垆土	384 980.712	4 134 313.681	1 406	20	惠安堡镇	大坝
28	1-28	苹果	214.34	7.93	6.82	13.70	0.29	4.80	14.64			滴灌	黑垆土	384 980.712	4 134 313.681	1 406	20	惠安堡镇	大坝
29	1-29	苹果	161.44	7.10	6.29							漫灌	风沙土	453 439.035	4 179 763.664	1 328	18	花马池镇	沟沿

续表

序号	资源编号	树种	平均单果重/g	果实横径/cm	果实纵径/cm	总糖含量/(g·100g^{-1})	总酸含量/(g·100g^{-1})	维生素C含量/(g·100g^{-1})	可溶性固形物含量/(g·100g^{-1})	枸杞多糖含量/(g·100g^{-1})	蛋白质含量/(g·100g^{-1})	灌溉条件	土壤类型	2000国家大地坐标系 X	2000国家大地坐标系 Y	海拔/m	树龄/a	乡镇	行政村
30	2-1	杏	45.30	4.38	4.20							滴灌	灰钙土	435 237.507	4 159 637.067	1 450	32	青山乡	营盘台
31	2-2	杏	62.00	4.76	4.48							漫灌	灰钙土	437 645.815	4 160 324.059	1 384	13	青山乡	方山
32	2-3	杏	29.22	3.81	3.84							漫灌	灰钙土	437 645.815	4 160 324.059	1 384	11	青山乡	方山
33	2-4	杏	22.70	3.81	3.58							漫灌	风沙土	433 072.497	4 194 403.358	1 549	38	王乐井乡	牛记圈
34	2-5	杏	18.25	2.98	3.49							漫灌	风沙土	433 072.497	4 194 403.358	1 549	25	王乐井乡	牛记圈
35	2-6	杏	18.70	3.29	3.47							漫灌	风沙土	433 072.497	4 194 403.358	1 549	13	王乐井乡	牛记圈
36	2-7	杏	22.27	3.24	3.39							漫灌	风沙土	433 072.497	4 194 403.358	1 549	20	王乐井乡	牛记圈
37	2-8	杏	58.40	4.78	4.85							漫灌	风沙土	418 290.152	4 192 517.393	1 492	8	王乐井乡	孙家楼
38	2-9	杏	37.04	4.40	4.60	9.09	1.60	6.66	11.28			漫灌	风沙土	430 732.559	4 182 816.664	1 536	7	王乐井乡	石山子
39	2-10	杏	51.77	5.43	5.20							漫灌	风沙土	430 732.559	4 182 816.664	1 536	7	王乐井乡	石山子

续表

序号	资源编号	树种	平均单果重/g	果实横径/cm	果实纵径/cm	总糖含量/(g·100 g^{-1})	总酸含量/(g·100 g^{-1})	维生素C含量/(g·100 g^{-1})	可溶性固形物含量/(g·100 g^{-1})	枸杞多糖含量/(g·100 g^{-1})	蛋白质含量/(g·100 g^{-1})	灌溉条件	土壤类型	2000国家大地坐标系 X	2000国家大地坐标系 Y	海拔/m	树龄/a	乡镇	行政村
40	2-11	杏	26.70	3.71	3.63	5.09	0.68	1.76	9.86			漫灌	黑垆土	410 004.658	4 146 775.701	1 546	12	大水坑镇	大水坑
41	2-12	杏	24.98	3.60	3.53							滴灌	黑垆土	398 353.432	4 156 743.879	1 422	10	冯记沟乡	雨强
42	2-13	杏	22.40	3.46	3.36							滴灌	黑垆土	398 353.432	4 156 743.879	1 422	10	冯记沟乡	雨强
43	2-14	杏	42.60	4.46	4.52							滴灌	黑垆土	398 353.432	4 156 743.879	1 422	14	冯记沟乡	雨强
44	2-15	杏	83.10	5.28	5.08	8.80	1.96	4.32	11.16			漫灌	黑垆土	398 353.432	4 156 743.879	1 422	10	冯记沟乡	雨强
45	2-16	杏	38.30	4.05	4.14	8.65	1.65	4.32	11.56			漫灌	黑垆土	398 353.432	4 156 743.879	1 422	16	冯记沟乡	雨强
46	2-17	杏	31.27	3.99	3.88	8.85	1.65	6.24	12.66			无	风沙土	411 009.652	4 218 304.845	1 441	15	高沙窝镇	营西
47	2-18	杏	16.80	3.20	3.28							漫灌	黑垆土	437 443.983	4 113 231.739	1 688	13	麻黄山乡	沙嗖岘
48	2-19	杏	27.30	4.73	4.39							漫灌	黑垆土	437 443.983	4 113 231.739	1 688	6	麻黄山乡	沙嗖岘
49	2-20	杏	11.23	2.46	2.60							无	黑垆土	437 443.983	4 113 231.739	1 688	>100	麻黄山乡	沙嗖岘

续表

序号	资源编号	树种	平均单果重/g	果实横径/cm	果实纵径/cm	总糖含量/(g·100g⁻¹)	总酸含量/(g·100g⁻¹)	维生素C含量/(g·100g⁻¹)	可溶性固形物含量/(g·100g⁻¹)	枸杞多糖含量/(g·100g⁻¹)	蛋白质含量/(g·100g⁻¹)	灌溉条件	土壤类型	2000国家大地坐标系 X	2000国家大地坐标系 Y	海拔/m	树龄/a	乡镇	行政村
50	2-21	杏	23.10	3.57	3.42							漫灌	黑垆土	414 153.168	4 125 517.526	1 708	7	麻黄山乡	何新庄
51	2-22	杏	35.40	4.04	4.27							漫灌	黑垆土	414 153.168	4 125 517.526	1 708	7	麻黄山乡	何新庄
52	2-23	杏	19.50	3.36	3.33							漫灌	黑垆土	414 153.168	4 125 517.526	1 708	7	麻黄山乡	何新庄
53	2-24	杏	31.40	3.94	3.54	11.29	1.41	9.13	14.62			漫灌	黑垆土	414 153.168	4 125 517.526	1 708	7	麻黄山乡	何新庄
54	2-25	杏	58.60	4.74	4.63	8.50	1.17	6.24	10.36			滴灌	黑垆土	384 980.712	4 134 313.681	1 406	25	惠安堡镇	大坝
55	2-26	杏	10.03	2.47	2.44							漫灌	灰钙土	426 792.621	4 159 173.492	1 410	>100	青山乡	青山
56	3-1	桃	81.46	5.42	6.39	10.60	0.69	8.87	14.15			漫灌	灰钙土	437 645.815	4 160 324.059	1 384	14	青山乡	方山
57	3-2	桃	90.80	5.22	4.98	9.14	0.17	3.51	15.62			滴灌	风沙土	442 224.120	4 175 794.121	1 374	12	花马池镇	佟记圈
58	3-3	桃	93.24	5.58	5.44	6.89	0.20	5.15	11.11			漫灌	风沙土	430 732.559	4 182 816.664	1 536	8	王乐井乡	石山子
59	3-4	桃	187.46	7.40	6.99							漫灌	风沙土	430 732.559	4 182 816.664	1 536	13	王乐井乡	石山子
60	3-5	桃	144.44	6.56	7.12							漫灌	风沙土	430 732.559	4 182 816.664	1 536	11	王乐井乡	石山子

续表

序号	资源编号	树种	平均单果重/g	果实横径/cm	果实纵径/cm	总糖含量/(g·100g⁻¹)	总酸含量/(g·100g⁻¹)	维生素C含量/(g·100g⁻¹)	可溶性固形物含量/(g·100g⁻¹)	枸杞多糖含量/(g·100g⁻¹)	蛋白质含量/(g·100g⁻¹)	灌溉条件	土壤类型	2000国家大地坐标系 X	2000国家大地坐标系 Y	海拔/m	树龄/a	乡镇	行政村
61	3-6	桃	92.80	7.79	3.89							漫灌	黑垆土	410 004.658	4 146 775.701	1 546	6	大水坑镇	大水坑
62	3-7	桃	123.40	8.14	4.24							滴灌	黑垆土	398 353.432	4 156 743.879	1 422	7	冯记沟乡	雨强
63	3-8	桃	205.20	7.39	7.74	8.29	0.28	7.77	16.98			漫灌	黑垆土	398 353.432	4 156 743.879	1 422	15	冯记沟乡	雨强
64	3-9	桃	158.40	6.58	7.42	7.64	0.20	4.32	7.86			漫灌	黑垆土	398 353.432	4 156 743.879	1 422	15	冯记沟乡	雨强
65	3-10	桃	146.90	6.41	7.05	9.97	0.21	6.05	13.89			漫灌	黑垆土	398 353.432	4 156 743.879	1 422	9	冯记沟乡	雨强
66	3-11	桃	63.70	4.87	5.47	11.80	0.75	15.80	10.87			无	风沙土	411 009.652	4 218 304.845	1 441	8	高沙窝镇	营西
67	3-12	桃	115.60	5.81	5.38	10.40	0.29	7.51	14.19			漫灌	黑垆土	437 443.983	4 113 231.739	1 688	5	麻黄山乡	沙嗯岘
68	3-13	桃	73.10	5.14	4.75							漫灌	黑垆土	437 443.983	4 113 231.739	1 688	6	麻黄山乡	沙嗯岘
69	3-14	桃	37.30	4.06	4.46	9.84	0.66	8.87	14.12			漫灌	风沙土	453 439.035	4 179 763.664	1 328	11	花马池镇	沟沿
70	3-15	桃	40.70	4.15	4.69	8.66	0.38	5.54	11.62			漫灌	风沙土	433 072.497	4 194 403.358	1 549	14	王乐井乡	牛记圈
71	4-1	枣	19.10	3.69	3.40							滴灌	灰钙土	435 237.507	4 159 637.067	1 450	22	青山乡	营盘台

续表

序号	资源编号	树种	平均单果重/g	果实横径/cm	果实纵径/cm	总糖含量/(g·100g⁻¹)	总酸含量/(g·100g⁻¹)	维生素C含量/(g·100g⁻¹)	可溶性固形物含量/(g·100g⁻¹)	枸杞多糖含量/(g·100g⁻¹)	蛋白质含量/(g·100g⁻¹)	灌溉条件	土壤类型	2000国家大地坐标系 X	2000国家大地坐标系 Y	海拔/m	树龄/a	乡镇	行政村
72	4-2	枣	13.40	3.34	3.11	19.50	0.26	466.00	22.16			滴灌	灰钙土	435 237.507	4 159 637.067	1 450	12	青山乡	营盘台
73	4-3	枣	16.50	2.98	4.71	22.00	0.32	390.00	24.90			滴灌	灰钙土	435 237.507	4 159 637.067	1 450	22	青山乡	营盘台
74	4-4	枣	8.05	2.31	2.96							漫灌	风沙土	418 290.152	4 192 517.393	1 492	7	王乐井乡	孙家楼
75	4-5	枣	10.30	2.74	3.19	19.80	0.38	466.00	23.38			漫灌	黑垆土	410 004.658	4 146 775.701	1 546	7	大水坑镇	大水坑
76	4-6	枣	18.47	3.08	4.44	28.30	0.29	352.00	28.87			漫灌	黑垆土	398 353.432	4 156 743.879	1 422	10	冯记沟乡	雨强
77	4-7	枣	10.45	2.56	3.63							漫灌	黑垆土	398 353.432	4 156 743.879	1 422	6	冯记沟乡	雨强
78	4-8	枣	9.39	2.50	3.60	30.70	0.41	384.00	35.65			无	风沙土	411 009.652	4 218 304.845	1 441	7	高沙窝镇	营西
79	4-9	枣	11.34	2.50	4.02							漫灌	黑垆土	437 443.983	4 113 231.739	1 688	18	麻黄山乡	沙崾岘
80	4-10	枣	17.60	3.37	3.79	18.20	0.23	345.00	19.60			漫灌	黑垆土	386 505.774	4 131 361.636	1 420	12	惠安堡镇	杜记沟
81	4-11	枣	13.47	2.66	4.20	25.60	0.35	384.00	28.25			滴灌	黑垆土	384 980.712	4 134 313.681	1 406	24	惠安堡镇	大坝
82	4-12	枣	12.30	2.90	3.27							漫灌	灰钙土	437 645.815	4 160 324.059	1 384	11	青山乡	方山

续表

序号	资源编号	树种	平均单果重/g	果实横径/cm	果实纵径/cm	总糖含量/(g·100g⁻¹)	总酸含量/(g·100g⁻¹)	维生素C含量/(g·100g⁻¹)	可溶性固形物含量/(g·100g⁻¹)	枸杞多糖含量/(g·100g⁻¹)	蛋白质含量/(g·100g⁻¹)	灌溉条件	土壤类型	2000国家大地坐标系 X	2000国家大地坐标系 Y	海拔/m	树龄/a	乡镇	行政村
83	4-13	枣	14.26	5.34	2.84							漫灌	风沙土	430 732.559	4 182 816.664	1 536	11	王乐井乡	石山子
84	4-14	枣	13.14	2.94	3.12							滴灌	风沙土	439 237.536	4 179 698.118	1 367	15	花马池镇	四墩子村
85	5-1	李	42.40	3.82	5.72	13.80	0.69	8.52	21.38			漫灌	风沙土	418 290.152	4 192 517.393	1 492	8	王乐井乡	孙家楼
86	5-2	李	35.50	3.70	4.79	12.10	0.99	8.70	19.38			漫灌	风沙土	418 290.152	4 192 517.393	1 492	11	王乐井乡	孙家楼
87	5-3	李	96.70	5.57	5.38	13.00	1.84	8.52	18.00			漫灌	风沙土	430 732.559	4 182 816.664	1 536	10	王乐井乡	石山子
88	5-4	李	58.82	4.51	4.76							漫灌	风沙土	430 732.559	4 182 816.664	1 536	13	王乐井乡	石山子
89	5-5	李	42.27	4.07	4.12							漫灌	风沙土	430 732.559	4 182 816.664	1 536	13	王乐井乡	石山子
90	5-6	李	47.78	4.27	5.34							漫灌	风沙土	430 732.559	4 182 816.664	1 536	11	王乐井乡	石山子
91	5-7	李	37.68	3.93	3.95	11.90	1.08	8.59	17.66			滴灌	黑垆土	384 980.712	4 134 313.681	1 406	8	惠安堡镇	大坝
92	6-1	梨	75.48	5.02	5.10	9.29	0.17	4.17	16.63			滴灌	灰钙土	435 237.507	4 159 637.067	1 450	12	青山乡	营盘台
93	6-2	梨	183.74	6.88	7.12	7.89	0.17	2.50	13.12			漫灌	灰钙土	437 645.815	4 160 324.059	1 384	20	青山乡	方山

续表

序号	资源编号	树种	平均单果重/g	果实横径/cm	果实纵径/cm	总糖含量/(g·100g⁻¹)	总酸含量/(g·100g⁻¹)	维生素C含量/(g·100g⁻¹)	可溶性固形物含量/(g·100g⁻¹)	枸杞多糖含量/(g·100g⁻¹)	蛋白质含量/(g·100g⁻¹)	灌溉条件	土壤类型	2000国家大地坐标系 X	2000国家大地坐标系 Y	海拔/m	树龄/a	乡镇	行政村
94	6-3	梨	108.40	6.69	6.73	12.90	0.077	4.43	12.87			漫灌	灰钙土	437 645.815	4 160 324.059	1 384	21	青山乡	方山
95	6-4	梨	169.20	6.89	7.64	8.29	0.11	6.05	9.18			漫灌	黑垆土	410 004.658	4 146 775.701	1 546	13	大水坑镇	大水坑
96	6-5	梨	111.80	5.96	5.55	8.99	0.08	4.17	12.65			漫灌	黑垆土	398 353.432	4 156 743.879	1 422	10	冯记沟乡	雨强
97	6-6	梨	95.30	5.95	6.31	6.99	0.05	5.18	11.67			滴灌	黑垆土	384 980.712	4 134 313.681	1 406	20	惠安堡镇	大坝
98	6-7	梨	282.50	7.60	10.67	11.40	0.20	4.69	13.12			漫灌	风沙土	430 732.559	4 182 816.664	1 536	8	王乐井乡	石山子
99	6-8	杜梨	0.76	1.10	0.98							漫灌	黑垆土	437 443.983	4 113 231.739	1 688	7	麻黄山乡	沙崾岘
100	7-1	核桃	17.48	3.33	3.57							无	风沙土	411 009.652	4 218 304.845	1 441	7	高沙窝镇	营西
101	7-2	核桃	15.40	3.17	4.07							漫灌	黑垆土	437 443.983	4 113 231.739	1 688	32	麻黄山乡	沙崾岘
102	7-3	核桃	20.20	3.47	3.82							漫灌	黑垆土	437 443.983	4 113 231.739	1 688	8	麻黄山乡	沙崾岘
103	7-4	核桃	18.80	3.32	3.79							漫灌	黑垆土	437 443.983	4 113 231.739	1 688	9	麻黄山乡	沙崾岘
104	8-1	海棠果	8.31	2.62	2.30	13.80	1.27	19.30	20.50			漫灌	黑垆土	398 353.432	4 156 743.879	1 422	7	冯记沟乡	雨强

续表

序号	资源编号	树种	平均单果重/g	果实横径/cm	果实纵径/cm	总糖含量/(g·100g⁻¹)	总酸含量/(g·100g⁻¹)	维生素C含量/(g·100g⁻¹)	可溶性固形物含量/(g·100g⁻¹)	枸杞多糖含量/(g·100g⁻¹)	蛋白质含量/(g·100g⁻¹)	灌溉条件	土壤类型	2000国家大地坐标系 X	2000国家大地坐标系 Y	海拔/m	树龄/a	乡镇	行政村
105	8-2	海棠果	11.38	2.79	2.59	13.40	1.33	3.55	22.50			漫灌	黑垆土	398 353.432	4 156 743.879	1 422	12	冯记沟乡	雨强
106	8-3	海棠果	11.60	2.86	2.72	12.60	0.29	5.32	18.38			漫灌	黑垆土	398 353.432	4 156 743.879	1 422	9	冯记沟乡	雨强
107	8-4	海棠果	6.25	2.28	2.41	13.50	1.63	17.20	26.08			无	风沙土	411 009.652	4 218 304.845	1 441	12	高沙窝镇	营西
108	9-1	葡萄	298.30	2.17	2.26							滴灌	灰钙土	435 237.507	4 159 637.067	1 450	12	青山乡	营盘台
109	9-2	葡萄	393.90	2.16	2.14	15.80	0.53	4.43	18.13			漫灌	黑垆土	398 353.432	4 156 743.879	1 422	20	冯记沟乡	雨强
110	10-1	枸杞	1.01	1.07	2.03	16.10				1.06	3.20	滴灌	风沙土	442 224.120	4 175 794.121	1 374	9	花马池镇	佟记圈
111	11-1	樱桃	7.46	2.59	2.31	12.60	0.68	101.00	17.54			漫灌	黑垆土	386 505.774	4 131 361.636	1 420	14	惠安堡镇	杜记沟
112	12-1	山楂	4.14	2.03	2.26	6.44	3.12	34.40				漫灌	风沙土	430 732.559	4 182 816.664	1 536	9	王乐井乡	石山子
113	13-1	花椒		0.45	0.45							滴灌	灰钙土	435 237.507	4 159 637.067	1 450	8	青山乡	营盘台